Pericias en Instalaciones Eléctricas.
Artículos Técnicos

I0492550

- Edición 2019 -

JORGE SARMIENTO EDITOR - UNIVERSITAS

ING. RUBÉN ROBERTO LEVY

PERICIAS EN INSTALACIONES ELÉCTRICAS.
Artículos Técnicos.

Una novedosa propuesta para analizar y comentar las pericias de los siniestros en instalaciones y redes eléctricas y la problemática actual de la seguridad eléctrica en Argentina

JORGE SARMIENTO EDITOR - UNIVERSITAS
Obispo Trejo 1404. 2° "B". Barrio Nueva Córdoba – Tel.: 0351-153650681- Email: universitaslibros@yahoo.com.ar

Rubén Levy

Créditos de la presente edición:

Diseño de Tapa:	*Ing. Jorge G. Sarmiento.*	Idioma Original:	*Español*
Diseño Interior:	*R. Levy – J. Sarmiento.*	Año de la 1ra edición:	*2020*
Producción Gráfica:	*Jorge Sarmiento Editor.*		
Fotos de tapa:	*Ing. Rubén Levy.*		
Autor:	*Ing. Rubén Levy.*		

El cuidado de la presente edición estuvo a cargo de:

Ing. Jorge Sarmiento

Levy, Rubén
  Pericias en instalaciones eléctricas : artículos técnicos / Rubén Levy. - 1a ed . - Córdoba : Universitas - Editorial Científica Universitaria ; Córdoba : Jorge Sarmiento Editor, 2020.
  Libro digital, PDF

  Archivo Digital: online

  1. Traumatismos por Electricidad. I. Título.
  CDD 621.3

Miembro de la

Socio Número 1843

1° Edición 2020.
© 2020. Rubén Levy.
© 2020 Jorge Sarmiento Editor.

Hecho el depósito que marca la Ley 11.723.

Jorge Sarmiento Editor - UniversitaS
Obispo Trejo 1404. 2 B. Córdoba. Argentina. Te: +54 9 351 3650681
Email: universitaslibros@yahoo.com.ar – www.universitaseditorial.com.ar

Distribución en el exterior: Editorial Brujas. Email: publicaciones@editorialbrujas.com.ar
Venta Directa: Email: universitaslibros@yahoo.com.ar – www.universitaseditorial.com.ar

Índice

Para Ada, Florencia y Emanuel

Prólogo

En este libro ofrezco mis experiencias de perito y autor de artículos técnicos como modo de insistir en la necesidad de generar regulaciones que permitan reducir la tasa de siniestros (a mi entender no son accidentes)[1] en todo tipo de instalaciones eléctricas.

Entiendo que:

- Un **accidente** es un suceso eventual por causas que <u>no podemos controlar ni anticipar.</u>
- Un **siniestro** es un hecho <u>que pudo ser evitado y "no lo fue[2]"</u>

La siniestralidad de origen eléctrico afecta a ciudadanos que sufren electrizaciones y electrocuciones[3] en las instalaciones eléctricas que forman parte de su vivienda, de su trabajo o están ubicadas en la vía pública.

La regulación de las instalaciones eléctricas de todo tipo en Argentina por los Entes que tienen a su cargo la seguridad y la funcionalidad, salvo honrosas excepciones, no ha sido concretada por los que tienen el poder político y legal para establecerlas y entonces la siniestralidad crece y las explicaciones circunstanciales también; la noticia del siniestro dura un día y después pasa al olvido.

En el ámbito educativo las Normas y Reglamentaciones argentinas referidas a las instalaciones eléctricas no se explican ni se difunden con la claridad necesaria de su importancia y entonces se convierten en material de consulta, en el mejor de los casos.

Las instalaciones eléctricas requieren de una red eléctrica que las alimente. Las Empresas de Distribución de Energía (ED) llegan con sus redes a los clientes de viviendas, industrias, alumbrado público, etc. donde se instala la medición de energía en una vinculación que a veces de denomina acometida[4].

---

1. Ante una electrocución o incendio se dice que fue "un lamentable accidente". Entiendo que se debe diferenciar "accidente" de "siniestro"

2. El conocimiento técnico de los siniestros en las instalaciones eléctricas llevo a los países desarrollados a establecer regulaciones de cumplimiento obligatorio y responsabilidades penales y civiles por incumplimiento de las regulaciones.

3. Se denomina electrización al contacto eléctrico (con una tensión) donde la persona sobrevive, y electrocución cuando muere por el contacto eléctrico o por otras causas derivadas de ese contacto eléctrico.

4. Se denomina acometida, punto de derivación, etc. a la instalación que exige la ED para otorgar el servicio eléctrico que solicita el cliente.

En la propiedad del cliente y posterior al medidor de energía se desarrollan las instalaciones eléctricas internas, y en la vía pública[5] se desarrollan, entre otras, las instalaciones eléctricas de alumbrado público que generalmente también se vinculan a las redes de las ED.

La utilización masiva de la electricidad y los siniestros generaron en los países desarrollados la necesidad de establecer normas y regulaciones que se fueron actualizando al "estado de la técnica"[6]; pues así como la electricidad estableció el modo de vida de la sociedad moderna, las regulaciones establecieron el necesario marco técnico para que las instalaciones eléctricas sean seguras y eficientes al mejor estado de la técnica.

La sociedad moderna no sería la que conocemos sin la utilización masiva de la electricidad; pero debemos cuidar a los ciudadanos que nada saben de electricidad pero sufren las consecuencias de instalaciones eléctricas peligrosas en un mundo que dispone de todos los medios y conocimientos para minimizar los peligros mediante el "estado de la técnica". No es posible seguir realizando instalaciones eléctricas ignorando la tecnología, el conocimiento y la enseñanza que nos dejan los siniestros.

En este libro analizaremos siniestros e incendios con el fin de reflexionar desde situaciones reales que se podrían haber evitado si existiera la voluntad de regular y controlar las instalaciones eléctricas. Como el objetivo de este libro es presentar situaciones con fines didácticos no es necesario dar mayores datos de lugares y tribunales donde se sustanciaron los reclamos por siniestros.

Es importante mencionar que en algunas provincias y municipalidades de argentina se han establecido regulaciones para las denominadas instalaciones eléctricas de inmuebles que están destinadas a personas que son más vulnerables pues no conocen de riesgos eléctricos.

Las redes eléctricas de suministro que brindan las ED disponen de regulaciones establecidas por las mismas ED y en ese sentido son más seguras; pero también hay siniestros en esas redes.

La utilización de la vía pública con múltiples servicios genera (si no hay control) acercamientos peligrosos entre los diferentes servicios y también con edificaciones con salientes y balcones que a veces se acercan peligrosamente a redes eléctricas de cables desnudos. Se conocen contactos eléctricos de trabajadores de la construcción que ubicados en andamios tocan o se acercan con elementos metálicos a cables desnudos de líneas energizadas de las ED.

La falta de criterio técnico de construir redes con cables desnudos "al menor precio" debe ser analizada pues con el desarrollo de las construcciones urbanas y con redes eléctricas que ocupan espacios[7] compartidos con otras redes y aledaños a edificaciones a veces ocurren acercamientos que no cumplen con las distancias mínimas necesarias establecidas para la seguridad eléctrica.

En Argentina debemos seguir realizando esfuerzos para explicar a los que detentan el poder la importancia de establecer las regulaciones, pero también sabemos que en muchos lugares de poder "el no hacer y el no cambiar" es una práctica relacionada con el tráfico de intereses y la desidia; y entonces muchos "siniestros" figuran como accidentes.

---

5. Las redes e instalaciones eléctricas de servicio eléctrico, alumbrado público, etc. se instalan en la vía pública mediante acuerdos con la Municipalidad correspondiente que es quien tiene el poder de regulación sobre los espacios públicos.

6. El estado de la técnica refleja los esfuerzos de la investigación en materiales y dispositivos y que se toman como referencia para la actualización de las regulaciones, normas o especificaciones.

7. Las redes eléctricas denominadas "aéreas" con cables desnudos en ciudades y zonas urbanas se instalan en veredas donde a veces generan acercamientos peligrosos con otras redes y con edificaciones que a veces invaden el espacio aéreo de la vía pública.

La falta de sentido de las personas ante el peligro de la electricidad no se conocía en los inicios de la utilización de la electricidad[8]; pero los siniestros se analizaron y se comprendió la necesidad de establecer regulaciones de acuerdo a los desarrollos de materiales, dispositivos y concepciones técnicas. En Argentina, salvo honrosas excepciones, no se comprendió la necesidad de establecer regulaciones y se observa un "libre albedrío eléctrico" que fomenta la creciente siniestralidad que vemos a diario.

No me parece justo ni democrático que el estado no se ocupe de regular y permita que se comercialicen, se instalen y se eludan las reglas técnicas básicas de la seguridad eléctrica y ante una electrocución o un incendio se diga cualquier cosa menos la verdad del origen de esos siniestros.

En cuanto a obligaciones legales relacionadas con las instalaciones eléctricas, en nuestro país disponemos de la ley 19587 que establece la obligación de respetar lo indicado por la Asociación Electrotécnica Argentina (AEA) en todas sus documentaciones y en cuanto a inmuebles los lineamientos de la Reglamentación para la Ejecución de Instalaciones Eléctricas en Inmuebles denominada AEA 90364 en la Parte 7 y la Sección 771 para Viviendas y locales unitarios.

No es aceptable ni recomendable para nuestra sociedad que cada hecho o siniestro relacionados con la utilización de la electricidad **sólo** termine en un debate legal entre abogados de partes que reclaman justicia. A mi entender necesitamos que la situación que generó el siniestro nos movilice para tomar medidas preventivas[9] y avanzar en corregir y mejorar la seguridad eléctrica, entre otros objetivos.

Es notable observar, en una pericia, la cadena de errores que llevó al siniestro donde "el no hacer y el no regular" prepara el escenario de la tragedia. También interviene el desconocimiento de los peligros de la utilización de la electricidad pues los humanos no tenemos la aptitud de observar con nuestros sentidos la existencia, por ejemplo, de una tensión eléctrica peligrosa.

¿Se pueden lograr una seguridad absoluta?

No, pues existen algunas situaciones peligrosas[10] que no son resueltas aún con instalaciones eléctricas realizadas con todas las condiciones técnicas. Pero una instalación eléctrica que cumple condiciones técnicas referenciadas "al mejor estado de la técnica" es una instalación del mejor nivel de seguridad posible para cuidar la vida y bienes de los ciudadanos.

En cuanto a las pericias, cada siniestro llevado a la justicia tiene sus particularidades que deben ser cuidadosamente analizadas, pues los peritos debemos elevar al juez una opinión fundada en nuestros conocimientos y responder las preguntas que formulan las partes de forma clara y de la manera más conceptual posible. Los que asumimos esa responsabilidad debemos realizar nuestra tarea analizando cuidadosamente el expediente donde, generalmente, la intervención de la policía judicial es la única documentación que queda de análisis del hecho pues en numerosas causas al momento de la pericia no existen los elementos y materiales que originaron el siniestro.

En los siniestros de origen eléctrico la opinión técnica del perito es relevante a la hora de definir las responsabilidades. En Argentina generalmente los siniestros de origen eléctrico no originan responsabilidades penales y todo se resuelve en demandas civiles donde las partes reciben compensaciones económicas de acuerdo a las sentencias que emiten los jueces.

---

8. Algunos científicos sufrieron siniestros pues al inicio de las investigaciones no se conocían los riesgos de la electricidad.

9. A mi entender las regulaciones son medidas preventivas y los juicios y demandas son medidas correctivas.

10. Por ejemplo un contacto con tensión de mano a mano y con el cuerpo aislado de la tierra (por ejemplo sin guantes y con botines de seguridad) origina un peligro que no será desconectado aunque la instalación eléctrica cuente con un interruptor diferencial.

El juez generalmente requiere que los peritos oficiales y los peritos de las partes elaboremos un informe con una opinión conjunta de todos los peritos, pero eso no siempre se logra entendiéndose que la opinión técnica del perito oficial es la más relevante ante los jueces.

En relación a la regulación de honorarios de los peritos existen en cada Colegio o Consejo Profesional existen leyes de regulación de honorarios, pero en muchas oportunidades los jueces regulan solo honorarios para los abogados y los peritos debemos contratar un abogado para reclamar nuestros propios honorarios. No parece lógico que un tribunal contrate un perito oficial, que previamente debe cumplir con requerimientos legales, y a la hora de la regulación de sus honorarios no disponga de los fondos para pagar la tarea profesional que corresponde, derivando el asunto a la finalización del juicio que pasa por instancias que demoran años en resolverse. ¿Pues si se contrata un trabajo profesional de un perito oficial porque no se disponen de los fondos para pagarlo?

Ante un siniestro de origen eléctrico el perito debe remitirse a los fundamentos básicos de la seguridad eléctrica que establecen las Normas y Regulaciones de referencia y elevar al juez una opinión fundada en esas Normas y Regulaciones.

Las Normas y Regulaciones para instalaciones eléctricas posteriores al medidor de energía (límite de responsabilidades establecidas entre la ED y los clientes) son contenidas por ley de Higiene y Seguridad 19587 que a su vez toma como referencia lo establecido por la AEA y entonces en los reclamos por siniestros generalmente se les solicita a los peritos su opinión respecto del cumplimiento de lo establecido por AEA en relación al siniestro.

Las Regulaciones para instalaciones eléctricas anteriores al medidor de energía son establecidas por la ED y en los reclamos por siniestros generalmente se les solicita a los peritos su opinión respecto del cumplimiento de lo establecido por la propia ED en documentos técnicos de su ámbito de incumbencia a veces denominados Especificaciones Técnicas (ET), Resoluciones, etc.

Me parece interesante para la tarea pericial describir algunos contenidos relacionados con las instalaciones y redes eléctricas, por ejemplo:

> *Se debe evitar el pasaje de una corriente eléctrica a través del cuerpo de cualquier persona, animal o bien que pueda originar daños o incendios.*

Resulta obvio que una instalación eléctrica debe estar diseñada para evitar la circulación o pasaje de la corriente eléctrica en personas, animales o bienes; pero los siniestros ocurren.

La electrización, electrocución o un incendio es el resultado del pasaje de la corriente eléctrica y la tarea del perito es comprender los motivos de ese pasaje y elevar su opinión técnica fundada ante el juez.

Instalaciones de inmuebles (posteriores al medidor de energía).

La AEA 90364 establece el concepto "del operador" y designa con un código la capacidad de las personas destinatarias o que pueden operar una determinada instalación eléctrica. En relación a su aptitud y conocimiento de los riesgos eléctricos la AEA 90364 clasifica a las personas en BA1 (personas que no conocen los riesgos), BA2 (niños), BA3 (personas de capacidades diferentes), BA4 y BA5 (personas con formación para conocer los riesgos).

Definir el tipo de operador es importante pues para los operadores BA1, BA2 y BA3 y en las denominadas instalaciones eléctricas de inmuebles son obligatorias las protecciones que desconecten las tensiones peligrosas en forma instantánea aun ante la imprudencia de esas personas que por desconocimiento de los riesgos tomen contacto directo con tensiones peligrosas. Para los operadores BA4 y BA5 las condiciones de seguridad son diferentes pues son están destinadas a personas que conocen o están capacitadas en riesgos eléctricos, pero a veces hay siniestros.

El estado de la técnica actual para instalaciones eléctricas de inmuebles (destinadas a operadores BA1, BA2 y BA3) nos ofrece la posibilidad de proteger sus vidas y bienes aun ante la actitud imprudente de tomar contacto con una tensión que genere una circulación de corriente por el cuerpo humano o un animal.

> *Se debe limitar la corriente de falla que pueda atravesar el cuerpo de cualquier persona o animal a una intensidad inferior a aquella que provoca un choque eléctrico.*
>
> *Se define como choque eléctrico al **efecto fisiológico** resultante del paso de una corriente eléctrica a través del cuerpo humano o de un animal.*

La aislación de los cableados y equipos, que no es perfecta, limita la corriente a valores que no originan daños ni sensaciones molestas ni efectos fisiológicos.

La mayoría de los seres humanos alguna vez hemos sufrido el pasaje de una corriente eléctrica o una electrización que no llego a electrocución por diversas circunstancias en el tipo de contacto, por la posibilidad de "despegarse" o por la desconexión instantánea de una protección adecuada (interruptor diferencial).

En inmuebles (personas BA1, BA2 y BA3) se debe garantizar que:

> *Se desconecte automáticamente la alimentación en un tiempo determinado por las Normas, de modo que el choque eléctrico no represente un riesgo de electrocución. Ante un contacto directo se evita la electrocución y ante la puesta en tensión de una masa que represente un riego (contacto indirecto) se debe desconectar la alimentación automáticamente.*

Con la utilización obligatoria en inmuebles (personas BA1, BA2 y BA3) del interruptor diferencial de sensibilidad diferencial de $I_{?n} = 30$ mA se logra resolver en forma instantánea la mayoría de los contactos eléctricos en un tiempo que impide que una corriente eléctrica peligrosa origine un efecto fisiológico y daños en personas o bienes.

En las redes de servicio público de 380 V/ 220 V de las ED y por razones técnicas (que no desarrollaremos en este libro) no se instalan protecciones diferenciales de acción instantánea ante contactos eléctricos. Ante las condiciones propias de una red de servicio público, el perito debe analizar los siniestros en el marco del "estado de la técnica" de esas redes.

Las instalaciones de alumbrado público generalmente están instaladas en la vía pública donde transitan personas BA1, BA2 y BA3 y entonces esas instalaciones eléctricas deben cumplir con todos los requisitos de seguridad necesarios de protección (por ejemplo mediante la puesta a tierra más protección diferencial o con instalaciones de Clase II[11]). Ante las condiciones propias de una red de alumbrado público el perito debe analizar los siniestros en el marco del "estado de la técnica" para esas redes

Instalaciones industriales, redes eléctricas, alumbrado público, etc.

Se supone que son operadas por personas BA4 y BA5 que disponen de conocimientos y elementos de seguridad que evitan contactos eléctricos accidentales. Pero si esas instalaciones están ubicadas en la vía pública, una falla puede originar tensiones peligrosas y afectar a personas BA1, BA2 o BA3 que utilizan la misma vía publica donde están ubicadas esas redes.

---

11. Se denomina Clase II a las instalaciones donde las masas disponen de una aislación adicional que impide que la parte metálica de la masa tome tensión que pueda resultar peligrosa.

Las masas[12] electrificadas y las electrocuciones

La utilización de la electricidad origino el desarrollo de la humanidad pero también obligó a los científicos a buscar una solución concreta a los riesgos de contactos eléctricos sobre todo en personas que por su desconocimiento fueron y son víctimas de electrocuciones. Las denominadas masas electrificadas (masas que adquieren tensión) fue una de las mayores preocupaciones pues era difícil detectar esa situación de peligro hacia personas que por desconocimiento o imprudencia quedaban sometidas a tensiones peligrosas.

En un inmueble una masa puede quedar electrificada (adquirir tensión), por ejemplo, por una pérdida de la aislación. Ante esa situación de riesgo la AEA 90364 en el ámbito de inmuebles establece la necesidad de la desconexión obligatoria de la masa electrificada por medio de la puesta a tierra de la masa y la acción instantánea de los interruptores diferenciales[13] conformando una acción preventiva de desconexión "antes" que la persona tome contacto con la tensión de la masa electrificada. Ante una electrocución desde una masa electrificada en un inmueble queda claro que el siniestro ocurrió por una instalación eléctrica que no cumplía las exigencias AEA 90364, y el perito a esas exigencias debe remitirse.

En numerosas instalaciones de alumbrado público de argentina se instalan masas en la vía pública y no se analiza con criterio técnico la mejor seguridad eléctrica del estado de la técnica. La desidia, el desconocimiento y la búsqueda irracional del menor costo llevan inexorablemente a instalaciones inaceptables y potencialmente peligrosas.

Conceptos de seguridad eléctrica en alumbrado público

a) Masas puestas a tierra más el dispositivo que garantice despejar en forma instantánea la eventual electrificación de la masa que adquiera 24 Vca o mayor.

b) Que no existan masas (accesibles) en la vía pública. Por ejemplo:

Aislando exteriormente [14] las columnas metálicas de alumbrado público, por ejemplo en el tramo de 2 m respecto del nivel de piso o suelo de la columna.

Ubicando los tableros metálicos a una altura, por ejemplo, a 2 o 3 m de nivel de suelo.

Utilizando la clase II en columnas metálicas o masas de la instalación eléctrica de alumbrado público.

Ubicando los dispositivos del alumbrado público en tableros sintéticos contenidos en un tablero metálico para la rigidez del conjunto.

Seguridad eléctrica que deben brindar las separaciones entre redes de cables desnudos y edificaciones

En algunos casos se han originado contactos directos con tensiones en la vía pública o en lugares de redes desnudas donde las construcciones invaden el espacio de seguridad de las redes y ocurren contactos, arcos eléctricos y daños. En estos casos el perito debe verificar el cumplimiento de las regulaciones técnicas de las redes en cuanto a distancias de separación y no siempre la responsabili-

---

12. Se denomina masa a una envolvente metálica que contenga elementos con tensión (tableros, soportes de luminarias y luminarias, etc.)

13. El interruptor diferencial es, en el estado actual de la técnica, el dispositivo comercial que ofrece una desconexión instantánea de una masa electrificada (siempre que esa masa quede vinculada a una puesta a tierra). Ejerce de ese modo la acción preventiva es decir evita que la masa permanezca electrificada y origine un contacto peligroso hacia una persona que eventualmente la toque y origine una circulación de corriente por su cuerpo.

14. Si por diseño a una columna metálica o masa en la vía pública se le aplica un material de aislación exterior a la columna se logra la Clase II en el tramo donde se le aplico la aislación, ese tramo queda de Clase II.

dad es de la ED pues podría ser una invasión del espacio de separación[15]. Un hecho donde me toco intervenir como perito (ver más adelante) fue el reclamo por una electrocución originada en la invasión de la distancia de separación a una red de alta tensión lo que originó un arco eléctrico en una construcción no controlada y construida debajo de la red de alta tensión.

Un potencial riesgo es por la construcción de edificios que originan acercamientos desde balcones y terrazas con redes de cables desnudos de MT ubicadas en veredas que no disponen del ancho necesario para la separación de la red con las edificaciones. Por ejemplo si la vereda es de 2 m y la mínima separación de cables, por ejemplo de 13,2 kV, respecto de edificaciones es también de 2 m se debe diseñar o rediseñar la línea bajo esas condiciones (ver más adelante un ejemplo relacionado).

Me toco intervenir como perito en un hecho donde 2 operarios instalaban una torre metálica para una antena en la terraza de un edificio y en una maniobra de los operarios la torre metálica cayó sobre los cables desnudos de una línea de 13,2 kV y se originaron electrizaciones. En este hecho lo importante era analizar si la línea de 13,2 kV estaba ubicada respecto de la edificación en las distancias que establecen las mismas ED.

Es conocido que existen y están normalizadas por las mismas ED las redes con cables desnudos, por ejemplo de 13,2 kV, montadas en soportes y separadas del suelo y de las edificaciones junto a otras redes de suministro a clientes y de alumbrado público. Las ED utilizan las veredas de la vía pública para sus redes y como existen otros servicios en numerosos casos aparecen distancias de separación entre redes que a veces son menores a las establecidas por las mismas ED.

La seguridad eléctrica que ofrece una línea de MT de cables desnudos (ya obsoleta en las ciudades de países desarrollados) se logra mediante la aislación y la separación al suelo. Pero los conductores desnudos (normalmente de aleación de aluminio) sufren el paso del tiempo y del medioambiente y ante vientos a veces se cortan y tenemos alta tensión en la vía pública y a veces también en propiedades privadas. Este tipo de líneas ofrecen el diseño más económico, pero, si no existe el mantenimiento y reemplazo de tramos de cables cortados y/u oxidados el diseño se vuelve peligroso.

Desde el punto de vista de la seguridad eléctrica al contacto directo las redes de 13,2 kV disponen de separaciones y distancias que se entienden son las necesarias para evitar contactos con cables desnudos energizados. Si eventualmente se corta un cable desnudo energizado y cae al suelo o toma contacto con un soporte de la misma línea o de otro servicio la condición técnica obligatoria de la protección instalada en el origen de la línea de MT es sacarla de servicio en un tiempo de orden de segundos. Un hecho que analizaremos (ver más adelante) se originó en un día de lluvia donde se cortaron, cayeron y permaneció energizado un cable desnudo de una línea de 13,2 kV sin que actuara la protección de desconexión correspondiente originando electrocuciones a personas que eventualmente circulaban en la vía pública que no advirtieron el peligro.

Es inaceptable que un cable desnudo de una línea de 13,3 kV caiga y quede energizado en el suelo u origine tensiones de contacto en soportes propios o de otras redes sin ser desconectado por medio del interruptor y protección de falla a tierra obligatoria instalada en el origen de la línea. En una línea de 13,2 kV si un cable se corta (situación que no es aceptable en cables enteros) y en ese mismo momento cae sobre una persona la desconexión no dispone de la velocidad necesaria que, por ejemplo, ofrece un interruptor diferencial; y el daño dependerá de las circunstancias del evento.

En la provincia de Córdoba existe una estadística incompleta de la siniestralidad de origen eléctrico. La Sra. Sandra Meyer (fundación relevandopeligros.org) tuvo la iniciativa de conocer la estadística de muertos por electrocución en la ciudad de Córdoba, y en esa tarea observó que no se lleva co-

---

15. Existen siniestros donde, por ejemplo, con la pluma de una grúa o con el mástil de un velero se invade el espacio y se origina un arco de descarga desde un cableado de cables desnudos de media o alta tensión.

rrectamente esa estadística y muchas muertes figuran como "etiología dudosa" que es una figura que utiliza mucho la policía judicial. Entonces no sabemos si el origen de la muerte fue o no eléctrico y así no avanzamos ni tomamos conciencia de la importancia de las regulaciones para reducir la siniestralidad de origen eléctrico.

En la crónica diaria un siniestro de origen eléctrico dura un DIA y después nada se sabe de responsabilidades y actitudes de cambio.

De todos modos me ofrezco para que entre todos fundemos un sistema de intercambio de información mediante los recursos del intercambio vía mail. Deseo agradecer a quienes han confiado en mis publicaciones y alentarme a seguir con esta tarea en un país donde se valora muy poco a los autores de libros técnicos pues parece que para algunos funcionarios no existe la "cultura técnica[16]"

La nómina de agradecimientos podría ser más extensa tanto en Córdoba como en otras provincias del país y países vecinos donde encontré eco y relaciones de amistad que son más importantes que esta propuesta que es mi homenaje a quienes trabajan para una sociedad mejor y más justa para todos.

Escribir y opinar sobre la realidad de la seguridad eléctrica al menos no nos convierte en cómplices de los siniestros.

Ing. Rubén Roberto Levy

---

16. En Argentina no se alienta ni se apoya a los autores de libros técnicos, por ejemplo de Instalaciones Eléctricas. Me ha tocado sufrir el rechazo en la presentación de un libro técnico de mi autoria registrado y con derechos en una feria del libro en la Ciudad de Córdoba con el triste argumento que "no respondía a los fines culturales de la Feria" La revista Ñ publicó mi reclamo al respecto que lo dispongo para enviar vía mail al lector interesado en el tema.

1
Pericias Comentadas

Las pericias se inician con una presentación del perito y del hecho, la contestación de preguntas de las partes, las conclusiones y la solicitud de regulación de honorarios.

ESQUEMA CONVENCIONAL DE UNA PERICIA

1. El perito se dirige al Juez y menciona todos los datos de identificación de su tarea.

2. El perito se presenta en cuanto a su condición profesional para realizar la pericia.

3. El perito trascribe y contesta cada pregunta, ofrece una terminología conceptual[1] y fotografías si considera que aportan elementos de comprensión

4. El perito ofrece una conclusión

5. El perito solicita respetuosamente la regulación de sus honorarios.

Con fines didácticos y al inicio de los ejemplos realizare comentarios para la comprensión de la pericia, pero esos comentarios NO DEBEN SER PARTE DE UNA PERICIA FORMAL solicitada por un Juez, EL PERITO SOLO DEBE RESPONDER LAS PREGUNTAS DEL EXPEDIENTE Y OFRECER SUS CONCLUSIONES.

1.1. Electrocución en una instalación industrial

COMPRENSION CON FINES DIDACTICOS (NO FORMA PARTE DE LA PERICIA)

Antecedentes: Se trató de la electrocución de un encargado técnico en una fábrica donde tenía a su cargo la reparación y prueba de equipos aplicándole una tensión trifásica de 380 V/ 220 V desde un tablero vinculado a la red eléctrica de suministro.

Modo de trabajo: El encargado realizaba las tarea de pruebas conectando y desconectando los equipos mediante pinzas de conexión sin aislación ubicadas en el extremo un cable prolongador y en el otro extremo mediante una ficha a un tomacorriente trifásico ubicado en

---

1. El perito puede ofrecer una explicación conceptual de la terminología técnica que necesariamente debe utilizar en su pericia (por ejemplo sobre la corriente eléctrica, la tensión eléctrica, etc.).

un lugar de la planta que no era visible para él[2]. Las tareas de conexión y desconexión de las pinzas al equipo a probar las realizaba "supuestamente" sin tensión en las pinzas de conexión pues cada maniobra de conexión y desconexión las realizaba con la ficha y el tomacorriente trifásico asignado a la prueba.

Tipo, origen y consecuencias de la electrocución: En una prueba de desconexión donde el encargado suponía que no existía tensión en las pinzas, toma una con cada mano para desconectarlas del equipo y sufre una electrocución de 380 V. Resulta obvio que el trayecto de la corriente de choque fue entre ambas manos y el corazón siendo esa situación la más peligrosa de las posibilidades pues es el trayecto de menor resistencia corporal y de mayor peligro de fibrilación del corazón. Si consideramos la resistencia de ambas manos y el cuerpo de un valor teórico de 1000 ohm y aplicando una tensión de 380 V la corriente teórica que circulo por el corazón del encargado fue del orden de 380 V/ 1000 ohm = 380 mA.

El valor de 380 mA es casi 10 veces mayor al valor que puede originar una fibrilación cardiaca. En el expediente el medico informo de la destrucción del corazón por la acción de la corriente eléctrica.

El encargado no utilizaba guantes de seguridad.

PERICIA

Contestación de preguntas de foja xxx

Nota: Para la terminología técnica ofrezco una explicación conceptual más adelante.

Pregunta 1.-: *Para que efectúe una descripción de la dinámica de la electrocución de la victima de tal manera que el Tribunal quede informado acerca de la forma en que se produjo el siniestro.*

Analizando las exposiciones realizadas en autos sobre las causas del hecho, este perito entiende que la causa más concreta está expresada en foja xx donde se menciona que al realizar la victima una operación de desconexión y con la fuerza de sus manos quiso accionar las pinzas metálicas para desconectar los bornes metálicos del equipo en prueba no advirtió que el cable estaba con tensión, queda "pegado" y cae sufriendo el efecto de la corriente eléctrica de 380 V que ingresa por sus manos y torso y afecta directamente su corazón.

La victima estableció un *contacto eléctrico directo* y quedo agarrada por medio de ambas manos a pinzas metálicas no aisladas, (fotografías adjuntas) conectadas en el extremo de un cable que estableció una *tensión eléctrica* de 380 V y origino una *corriente eléctrica* entre las manos y el torso que efecto en forma directa el corazón del occiso.

La corriente eléctrica circulante inicial por el cuerpo del occiso permaneció un tiempo considerable y se concentró en ciertos lugares de la piel (freno natural a la circulación inicial de la corriente) y produjo puntos de quemadura en los dedos (foja xx).

En la figura 1, se observa a modo de ejemplo de bibliografía, una quemadura originada por una corriente circulante que al persistir elimina la piel lo que origina que la corriente eléctrica aumente con el trascurso del tiempo de permanencia, agravando sus consecuencias.

---

2. En el informe policial del expediente se observo un esquema que indicaba que la ficha del prolongador al tomacorriente trifásico estaba detrás de unos tanques y en principio su estado no era visible desde la posición donde el encargado ejecutaba la conexión con las pinzas.

Figura 1 Huella de la concentración de corriente eléctrica en un pulgar (ejemplo de bibliografía).

Para comprender las consecuencias del contacto eléctrico, es necesario determinar la magnitud aproximada de la corriente que origino la muerte del encargado. La corriente eléctrica es el resultado de la relación entre la *tensión eléctrica* y la *resistencia eléctrica* de la parte del cuerpo involucrada en el trayecto de la corriente.

El efecto de la corriente eléctrica sobre la fisiología de los seres humanos tiene una relación directa con la magnitud de la corriente eléctrica que en estas situaciones se expresan en m*iliamperes (mA)*.

Estudios internacionales (figura 2) establecen que con corrientes eléctricas del orden de 10 a 15 miliAmpere (mA) **ya** se producen calambres musculares y "efecto de agarre" (cierre de la mano sobre el elemento de contacto), dificultad en la respiración y anula la voluntad de soltarse.

CORRIENTE CIRCULANTE	EFECTOS FISIOLÓGICOS
1 a 3 miliAmpere	Prácticamente imperceptible. No hay riesgo.
De 5 a 10 miliAmpere	Contracciones involuntarias de músculos y pequeñas alteraciones del sistema respiratorio.
De 10 a 15 miliAmpere	Principio de tetanización muscular (contracciones violentas), "efecto de agarre" en partes musculares afectadas.
De 15 a 30 miliAmpere	Contracciones violentas e incluso permanentes de la caja torácica. Alteración del ritmo cardíaco.
Mayor de 30 miliAmpere	Fibrilación cardiaca.

Con corrientes del orden de 30 mA que permanezcan algunos segundos **ya** se produce la denominada fibrilación cardiaca

En este siniestro con la tensión aplicada de 380 V y el valor probable de resistencia de la parte del cuerpo por donde circulo la corriente, se estima que por el cuerpo del encargado circulo una corriente del orden de 380 mA que no fue cortada por un dispositivo de protección y fue cortada por la acción voluntaria de un compañero de trabajo en un tiempo que estimo en el orden del minuto (foja xxx). La acción voluntaria y de hecho valiosa de la persona que desconecto al encargado de la tensión no pudo resolver una situación que debía ser desconectada en el orden de 0,5 segundos (ver figura 3).

Estudios internacionales (figura 2) establecen los efectos de corriente y el tiempo sobre la fisiología de un ser humano…

11

Se ha marcado en la figura el efecto de una corriente de 380 mA, que si permanece más de **0,5** segundos, origina la fibrilación cardiaca ventricular

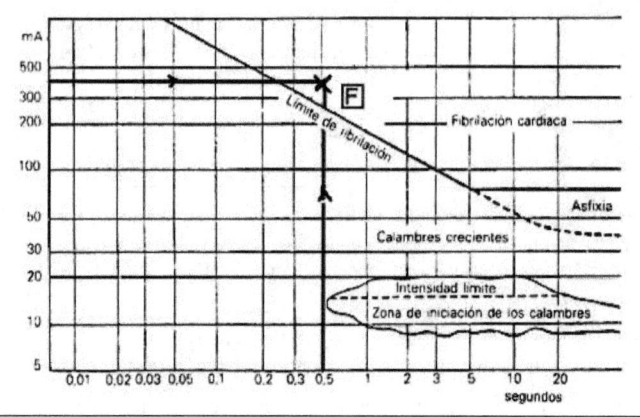

Figura 2.

Relación entre la magnitud de la corriente y los efectos fisiológicos en el ser humano.

Para ilustrar al tribunal sobre el efecto que resulta de la circulación de corriente por las manos y torso de un ser humano donde está contenido el *corazón,* existen estudios de la medicina que permiten establecer el daño que origina la corriente eléctrica en las fibras del músculo corazón.

El corazón funciona mediante *impulsos eléctricos fisiológicos* que genera las acciones de contracción-expansión del corazón y con ello el bombeo de la sangre que es vital para la oxigenación del ser humano. Como la corriente eléctrica se superpone a las acciones fisiológicas del ciclo cardíaco, cuando la corriente permanece un tiempo mayor al de la duración de la fase crítica del ciclo cardiaco (del orden de 0,15 segundos), origina en las fibras del corazón el fenómeno de fibrilación cardiaca.

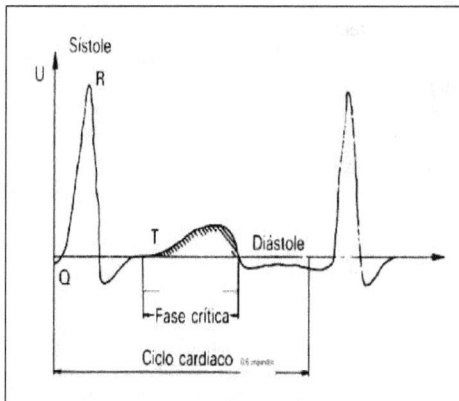

Figura 3: Ciclo de funcionamiento del corazón o ciclo cardíaco. (Duración de la fase crítica 0,15 segundos).

Un electrocardiograma genérico del ciclo cardiaco muestra el resultado de los impulsos fisiológicos, que se repiten como signo vital aproximadamente cada 0,6 segundos (figura 3).

Una corriente eléctrica de un determinado valor y que permanezca un tiempo mayor a la duración de la fase crítica del ciclo cardiaco (0,15 segundos) lleva inevitablemente a la fibrilación cardiaca muscular del corazón, situación que es prácticamente irreversible y causal de numerosas muertes semejantes a la del hecho de autos.

Como en foja xx se menciona el estallido del corazón como la causa de muerte, este perito considera que la corriente eléctrica fue de valores en magnitud y tiempo de permanencia que no daban lugar a ninguna solución de atención que pudiera salvar a la víctima de su muerte.

La corriente eléctrica circulante por la victima establecida por sus dos manos y corazón afecto por agarrotamiento su voluntad de soltar a pesar de la sensación dolorosa extrema.

La desconexión de la corriente en este breve tiempo (menor a fracciones de segundos) no es posible por una acción humana por más voluntaria que sea. La solución técnica es evitar el contacto utilizando elementos de seguridad y si la situación se origina disponer en los circuitos eléctricos de dispositivos de protección de acción instantánea como solución "correctiva" ante un contacto con una tensión peligrosa.

Pregunta 2.- *Mecanismos de salvaguarda que debieron estar en operación para que el mismo no se hubiera producido.*

Un mecanismo es evitar que el contacto directo se produzca es aislar las tensiones de contacto respecto a las personas que operan aparatos y dispositivos. En este caso la victima opero con pinzas "no aisladas", sin guantes y con ambas manos tomo contacto directo con la tensión por medio de su cuerpo y corazón.

Otro mecanismo es desconectar la tensión por medio de una protección que opere tan rápidamente como la técnica aconseja y que evite que un contacto origine daños como el sucedido en autos. Por lo que se conoce del expediente no existían protecciones diferenciales de acción instantánea y entonces el contacto eléctrico persistió y no fue desconectado en forma prácticamente instantánea como la técnica aconseja para salvaguardar la vida.

La tarea que realizaba la víctima estaba programada de una forma totalmente peligrosa pues conectaba y desconectaba el aparato a probar mediante pinzas y un cableado aplicando tensión de 380 V en forma directa por medio de sus manos y desde un cable conectado mediante una ficha o enchufe de tres patas a la red eléctrica de la instalación.

Del análisis de foja xxx se deduce que la tarea rutinaria que ejecutaba la victima generaba peligros latentes, pues conectaba y desconectaba la tensión directamente con sus manos. Puedo agregar que en este tipo de pruebas y para evitar accidentes, como el de autos u otros (por ejemplo al conectar un equipo en cortocircuito "con sus manos"), se organiza la tarea mediante protocolos de trabajo donde se establece que las conexiones y desconexiones solo pueden ser realizadas mediante dispositivos de conexión y desconexión que deben disponer de señalización de la existencia o inexistencia de tensión en el circuito que alimenta los elementos a conectar o probar.

Pregunta 3.- *Elementos técnicos alternativos que la más moderna tecnología requiere para evitar este tipo de siniestros.*

Para evitar que un contacto eléctrico se trasforme en mortal, la técnica ofrece las protecciones diferenciales que accionan cuando detectan contactos y corrientes a tierra evitando que una acción equivocada se trasforme en una electrocución.

De hecho que estas protecciones están fabricadas y probadas en su eficiencia para actuar desde el umbral de corriente que representa una corriente peligrosa para las personas y realizan su desconexión en el mínimo tiempo establecido por los estudios especializados para garantizar la seguridad por la cual se supone son instaladas.

Como en la parte de la instalación el circuito vinculado al tablero de protecciones no contaba con protecciones diferenciales cuando la víctima establece el contacto no se originó la actuación de la protección que le hubiera dado la oportunidad de sobrevivir al contacto eléctrico.

Pregunta 4.- *Si de acuerdo a las constancias de autos y especialmente las actuaciones labradas por la muerte accidental de la víctima realizadas por el Juzgado de Instrucción, emerge que en el momento del hecho estaban operando los dispositivos de seguridad y salvaguarda para evitar el siniestro y si de tales actuaciones surge que el operario contaba con el material aislante necesario para salvaguardar su integridad*

De las actuaciones se desprende que la víctima establece un contacto directo entre sus dos manos y torso superior y por medio de pinzas no aisladas un camino corporal de la corriente eléctrica que finalmente es la causa de su muerte por electrocución.

Este perito supone que el occiso tomo contacto con la tensión al no advertir que el cable <u>estaba conectado mediante la ficha al otro extremo</u>, situación que era una posibilidad por la forma precaria de la prueba que realizaba mediante la conexión y desconexión de un cable mediante una ficha. Además si se observa detenidamente la foja xx es posible advertir que la ficha trifásica de conexión se encontraba en el entorno de elementos que posiblemente obstaculizaban la visión del estado de conexión o desconexión de la ficha.

Es claro que la víctima no utilizo guantes para realizar la tarea, pero también es claro que no existían las protecciones adecuadas para prevenir el error que cometió ni un instructivo de operación técnica de la tarea.

Conclusión pericial

A entender de este Perito la víctima no contaba al momento de los hechos con los elementos técnicamente idóneos para preservar su integridad, tales como guantes aislantes para evitar el contacto y de los interruptores diferenciales que ante un contacto le hubieran posibilitado la supervivencia e integridad física.

La tarea que realizaba la víctima se podría haber realizado con instrumentos específicos para probar los aparatos sin riesgos al operario pues no utilizan la tensión directa para las pruebas.

Terminología conceptual

- *Contacto eléctrico directo*

Contacto con la tensión eléctrica por medio de tocar un conductor energizado (conceptualmente, tocar cobre).

- *Pinzas metálicas no aisladas*

Permitían a la víctima y con un mínimo esfuerzo de sus manos abrirlas o cerrarlas y con sus dientes metálicos sujetar y conectar o desconectar el borne metálico del equipo a probar y así vincularlo al cable con tensión de 380 V.

En fotografías se puede observar la construcción de las pinzas que están diseñadas para la maniobra de una apertura manual y al soltar mediante sus dientes poder sujetar el contacto del borne a conectar.

- *Tensión eléctrica*

La tensión eléctrica designada en V (Volt) proviene de la red de servicio eléctrico. Cuando es aplicada al ser humano en un camino cerrado (mano-mano, mano pie, etc.) establece una corriente eléctrica designada en A (Ampere) cuya magnitud y daño está en relación directa al orden de magnitud de la tensión aplicada.

En instalaciones eléctricas se utilizan diversas tensiones que pueden variar desde las muy pequeñas e inofensivas, las peligrosas con 220 V y las más peligrosas con 380 V.

- *Corriente eléctrica:*

Es el resultado de aplicar una tensión eléctrica a un cuerpo conductor, que puede ser un cable eléctrico o a un cuerpo humano que también es conductor de la corriente eléctrica.

- *miliamperes (mA)*

La corriente eléctrica cuando es muy pequeña se indica en mA (milésimas de Ampere).

Cuando la corriente pasa por un ser humano el cuerpo establece una resistencia considerablemente alta, por lo que la corriente que circula por el cuerpo es del orden de milésimas de Ampere. Esta corriente que apenas iluminaría una lamparita puede ser mortal en un ser humano, que no está preparado a la circulación de mínimas corrientes eléctricas.

- *Resistencia eléctrica:*

Como su nombre lo dice, se opone a la circulación de la corriente. El cuerpo humano establece una resistencia que varía de acuerdo a la parte del cuerpo por donde circula la corriente eléctrica y el estado del cuerpo (húmedo, mojado, contextura física, etc.).

- *Fibrilación cardiaca*

Se denomina así al efecto de parálisis que la corriente eléctrica origina en las fibras del corazón. Tiene como consecuencia el cese la acción de bombeo de la sangre, que aparte del daño al corazón que en general es irreversible, lleva a la muerte de las células cerebrales en pocos minutos pues no reciben la sangre oxigenada necesaria para la supervivencia de un ser humano.

- *Efecto de agarre o agarrotamiento*

Situación donde una persona queda agarrada y en contacto con la corriente eléctrica y no se puede soltar pues sus manos se cierran sobre el elemento de contacto; los músculos se agarrotan y la persona no puede desprenderse por la propia voluntad.

- *Corazón*

Músculo que origina el bombeo de la sangre, funciona por medio de impulsos fisiológicos que son semejantes a impulsos eléctricos.

- *El ser humano ante la corriente eléctrica.*

El ser humano es conductor de la corriente eléctrica y diversos estudios de accidentes mencionan la relación entre la magnitud de la corriente eléctrica y sus consecuencias.

Es de resaltar que corrientes circulantes que apenas iluminarían una pequeña lamparita tienen consecuencias fatales cuando circulan por un ser humano.

Fotografías

Vista general del cable, pinzas y ficha de conexión trifásica.

Vista ampliada de los cables individuales y sus extensiones que permitían conectar cada fase del cable a cada fase del equipo a probar.

Vista ampliada de la ficha trifásica de conexión del cable al tomacorriente trifásico establecido para la prueba.

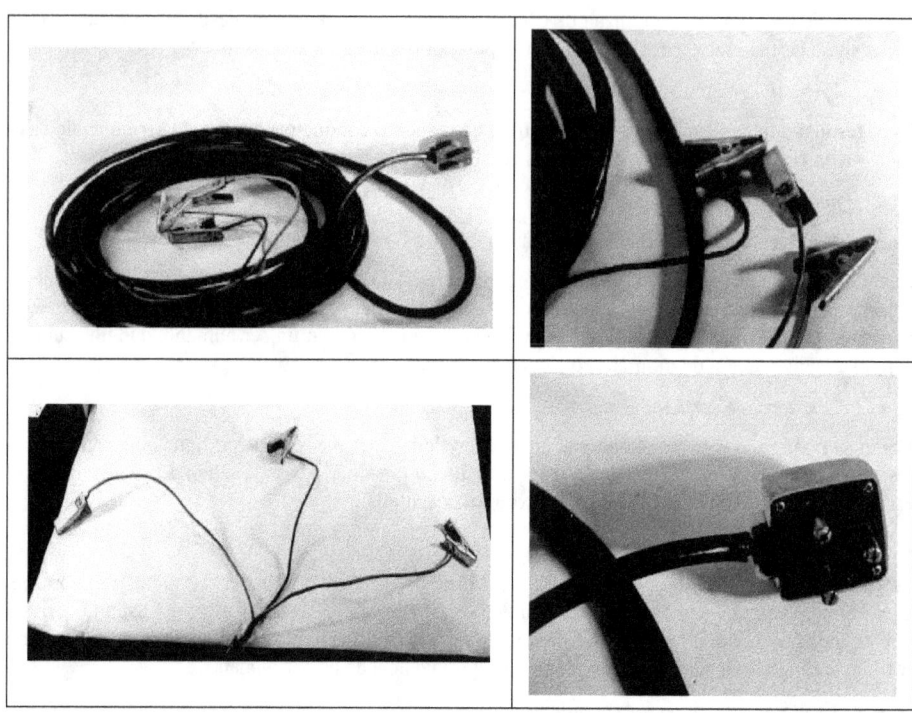

Considero entregada la tarea encomendada en tiempo y forma, y solicito respetuosamente la correspondiente regulación de honorarios profesionales de acuerdo a la complejidad de lo solicitado (contiene xx páginas). Será justicia.

1.2. Electrocución en una conexión clandestina.

COMPRENSION CON FINES DIDACTICOS (NO FORMA PARTE DE LA PERICIA

<u>Antecedentes</u>: Se trató de una electrocución en una conexión clandestina derivada de una red urbana de una ED en BT (380 V /220 V).

Este es un tema muy interesante pues sabemos que la ED no dispone de protecciones diferenciales para la desconexión instantánea de un contacto eléctrico pues sería imposible su instalación y no podrían explotarse las redes urbanas. Entonces la seguridad eléctrica se funda en el cumplimiento de normas técnicas emitidas por las ED mediante separaciones y aislaciones en redes desnudas y en el estado actual de la técnica mediante cableados de aislación plena (preensamblados, subterráneos, etc.).

De hecho que existen conexiones clandestinas fomentadas por la impunidad derivada del concepto "de que robar energía no es un delito". De todos modos se ha progresado en su control pero resultan conexiones que una vez desconectadas mediante un esquema complejo y con presencia policial, se vuelven a realizar y a veces con mayor precariedad. La denominada tarifa social garantiza limitar el derroche del que roba la energía y permite establecer una conexión normalizada que de alguna manera resuelve el tema de la seguridad eléctrica de las acometidas evitando las conexiones clandestinas que originan electrocuciones que a veces se derivan en casos judiciales.

En una oportunidad un perito dijo en una conversación informal: "Encima que roban energía pretenden que se les pague por los daños de sus conductas delictivas"

Estos reclamos ante la ED se fundan en que la ED es propietaria y responsable de sus redes y entonces debe resolver la seguridad eléctrica aun ante la actitud delictiva de realizar en una red pública una conexión precaria y fuera de las Normas técnicas requeridas por la ED (por ejemplo pilar de acometida normalizado).

En estos siniestros he observado que la demanda judicial hacia la ED consiste en reclamar la obligación de la ED en construir redes seguras para desalentar y evitar conexiones clandestinas. Es decir que se interpreta como causa de responsabilidad de la ED el no realizar las inversiones para establecer redes que resulten menos vulnerables a las conexiones clandestinas (redes con acometidas de cables anti-hurto y ubicadas a más altura, redes subterráneas, etc.). En definitiva entiendo, hasta donde conozco, que el hecho de realizar una conexión clandestina no deriva en responsabilidades directas por los daños originados por esas conexiones.

También he escuchado que se atribuye responsabilidades a la ED por el concepto de que "si el fluido peligroso" provino de la ED, la ED es responsable. Me parece que este concepto es muy precario y no va al fondo del debate de "qué hacer con las conexiones clandestinas"; como progresamos y como encaramos soluciones a este tema tan importante.

Merece comentarse al respecto que existen accidentes en acometidas convencionales con medidor y con conexiones clandestinas internas que "puentean el medidor de energía" Este delito es peligroso pues las conexiones internas precarias pueden poner en tensión partes metálicas de la acometida (caños y cajas) y originar contactos y electrocuciones.

Tipo, origen y consecuencias de la electrocución Se trató de la electrocución de una persona que no advirtió el peligro de un cable energizado clandestino que no era de propiedad de la ED.

AUTOS: XXXX c/ ED – DAÑOS Y PERJUICIOS

FORMAS DE RESPONSABILIDAD EXTRACONTRACTUAL - Expediente N° XXX

OBJETO: PRESENTA PERICIA

Señor JUEZ:

El que suscribe, xxxx, Ingeniero XXXX en el carácter de perito de parte designado en autos, ante V.S. comparece y dice; que vengo por la presente a presentar el Informe Pericial que me fuera encomendado.

INFORME PERICIAL (PERITO DE PARTE)

Pregunta 1.- Efectuar un relevamiento del lugar del hecho: Calle xxx esquina Calle xxx-terreno baldío, de esta ciudad.

Adhiero a lo expresado por el perito oficial a lo cual agrego:

En el lugar de los hechos las instalaciones de servicio eléctrico público y de propiedad de la ED no son de las mismas características técnicas y de seguridad eléctrica a las que existían en el momento de los hechos. Del análisis del expediente considero que al momento del siniestro la red de la ED carecía de toda medida de seguridad que impidiera las conexiones clandestinas que existían en esos momentos.

Pregunta 2.- *Deberá determinar la existencia de conexiones clandestinas a la red pública de suministro de energía correspondiente a la ED en el lugar del hecho indicado y a la fecha de siniestro y en la actualidad.*

Adhiero a lo expresado por el perito oficial a lo cual agrego:

En el lugar de los hechos las instalaciones de servicio eléctrico público y de propiedad de la ED han sido modificadas de modo de ofrecer una red más segura. La ED ha realizado una red aérea de MT y de BT de acuerdo a la tecnología actual para mejorar la seguridad eléctrica; que también son manifestadas por el perito oficial y constan en las fotografías adjuntas al informe pericial.

Pregunta 3.- *Determinar la peligrosidad de la manipulación de la electricidad. En su caso deberá indicar si la energía eléctrica constituye una cosa riesgosa.*

Adhiero a lo expresado por el perito oficial a lo cual agrego:

La historia técnica de la utilización de la electricidad nos indica que los seres humanos no tenemos el sentido de "la percepción del peligro" de la denominada tensión eléctrica y ante un contacto sufrimos la corriente eléctrica circulando por nuestro cuerpo.

También sabemos que el cuerpo humano tiene una alta vulnerabilidad a las corrientes circulando por la vía cardiaca y entonces pequeñas e insignificantes corrientes eléctricas circulando por la zona cardiaca origina la peligrosa fibrilación cardiaca y la muerte por parálisis del corazón.

"El estado de la técnica", los avances técnicos y la tecnología de los materiales ofrece mejores soluciones y mayor seguridad eléctrica con de redes aisladas o subterráneas. Medios estos al alcance de la ED que hubiesen evitado las conexiones clandestinas precarias y un siniestro como el de autos.

Pregunta 4.- *Determinar la peligrosidad que significan para la seguridad de las personas las conexiones clandestinas. Tanto para aquellas que se sirven de la misma, como así también para aquellas que conviven en sectores en donde se encuentran dichas conexiones irregulares.*

Adhiero a lo expresado por el perito oficial a lo cual agrego:

El estado de la técnica en las redes públicas nos ofrece redes de tipo aisladas o subterráneas que dificultan las conexiones clandestinas y sus cableados peligrosos. De hecho la ED con posterioridad al siniestro en el lugar de los hechos ha establecido esas redes y puesto sus instalaciones en el mejor estado de la técnica en claro reconocimiento de su potestad y responsabilidad sobre el tendido eléctrico.

Pregunta 5.- *Determinar en qué consiste la Norma xxx de la ED y que obligaciones en cuanto al sistema de distribución de electricidad establece. Determinar si existen medios idóneos para evitar las conexiones clandestinas. Cuáles son esos medios y cuáles son los medios que cuenta específicamente la ED. Asimismo deberá informar si la ED tomó efectivamente a la fecha y en el lugar del siniestro denunciado en autos y con anterioridad, esas medidas a los fines de evitar conexiones clandestinas.*

Adhiero a lo expresado por el perito oficial a lo cual agrego:

La Norma xxx se refiere a redes aisladas preensambladas y la Norma xxx se refiere a redes subterráneas, ambas son especificaciones existentes al momento de los hechos y es la ED quien decide qué tipo de red instala.

Al ser la ED la propietaria de las redes urbanas el control sobre su utilización le pertenece ya sea en conexiones normales o en clandestinas, pues es la ED quien contabiliza que energía se paga y que energía se hurta. En una pregunta anterior ya se explicó las medidas que tomo la ED posteriormente a los hechos y en las redes relacionadas con el siniestro.

Pregunta 6.- Determinar si la ED responsable de la red pública de alta tensión tiene la obligación de realizar reconocimientos periódicos a fines de evitar conexiones clandestinas. En su caso deberá indicar las facultades de la misma.

Adhiero a lo expresado por el perito oficial a lo cual agrego:

La ED es la propietaria de las redes públicas de energía eléctrica y como tal es responsable de la seguridad técnica de su mantenimiento, conservación y utilización; y como ya se ha mencionado es la ED quien tiene que garantizar el menor riesgo eléctrico que el estado de la técnica ofrece para redes eléctricas en espacios públicos.

Pregunta 7.- Deberá informar si el siniestro ocurrido en autos, desde la técnica y los medios al alcance de la ED podría haber sido evitados. A tal fin deberá informar porque medios podría haber sido evitado el mismo.

Adhiero a lo expresado por el perito oficial a lo cual agrego:

Las conexiones clandestinas resultan de la vulnerabilidad de la red de la ED al momento de los hechos y tal es así que la misma ED ha corregido la situación de peligro mediante una actualización de las redes instalando las actuales redes aisladas.

Es claro que mejorando las actuales redes ED y la mejor vigilancia de las conexiones clandestinas la ED pone a sus redes públicas en el mejor estado de la técnica y mejora la seguridad pública de la cual por ley la ED es responsable. Por ello entiendo que la ED tenía a su alcance, como ya lo adelante, los medios técnicos necesarios para evitar el accidente, haciendo uso de la técnica que asegure y evite las conexiones clandestinas.

Pregunta 8.- Cualquier otro dato y/o circunstancia relevante para la resolución de la causa.

Los profesionales y especialistas en materia sabemos que la electricidad es fundamental para la sociedad moderna pero también sabemos que el ser humano es altamente vulnerable a la tensión y corriente eléctrica.

Por ello quien tiene a cargo la responsabilidad de velar por la seguridad de las redes en espacios públicos debe instalar las redes que el mejor estado de la técnica le ofrece y entiendo que esa voluntad en el momento de los hechos no estuvo presente por parte de ED en este caso.

Por todo lo expuesto solicito a V.S. tenga por presentado en tiempo y forma el Informe Pericial y solicito se regulen los honorarios que me corresponden por la tarea realizada.

1.3. Incendio y daños en una vivienda originados por una sobretensión que ingreso desde una acometida de una ED

COMPRENSION CON FINES DIDACTICOS (NO FORMA PARTE DE LA PERICIA

Antecedentes: Se trató del ingreso de una sobretensión del orden de 380 V hacia un cliente de una ED con suministro de 220 V lo que originó un incendio y daños considerables en la vivienda del cliente. El cliente dispone de una acometida de 220 V normalizada por la ED quien por medio de un cableado de tipo preesamblado suministra 220 V al cliente. El corte del neutro[3] de la red preesamblada origino que los cables de 220 V quedaran con sobretensiones que en este siniestro ingresan al cliente en un momento donde la vivienda estaba sin

---

3. El corte del neutro de una red de tres fases y neutro origina desequilibrios de las tensiones de 220 V por eso es tan importante preservar que no se corte.

moradores e inicia un incendio que afecta a electrodomésticos, techos de madera, etc. Las red de suministro de tipo preesamblada de cuatro cables (tres de fases) más uno de neutro está soportada por el neutro; que si se corta, origina desequilibrios que pueden llegar hasta 380 V en cableados previstos para 220 V.

En este siniestro me parece interesante enfocar algunos aspectos que pueden aportar comprensión de la relación entre las instalaciones internas de una vivienda y las instalaciones de suministro de la ED.

Las instalaciones eléctricas internas de una vivienda en teoría deben cumplir (no están legisladas en forma obligatoria en argentina) con la AEA 90364. En este caso como lo que ingreso a la instalación eléctrica fue una sobretensión esta situación no está contemplada por las protecciones que debería tener la vivienda en su tablero seccional. Las protecciones del tablero seccional solo detectan sobrecorrientes, cortocircuitos, fallas a tierra o contactos directos de personas. Si una sobretensión origina una falla o un cortocircuito en la instalación eléctrica las protecciones deberían accionar ante las fallas desconectando la instalación; pero una falla puede originar un incendio aun después de cortada la alimentación eléctrica.

La ED tiene como límite de su incumbencia el denominado tablero principal (tablero inmediatamente ubicado "aguas abajo" del medidor de energía). Algunas ED establecen que la ED paga los daños que pueda originar su red, "si el cliente tiene las protecciones que la técnica aconseja". La pregunta es: ¿Qué protecciones aconseja la técnica en un tablero seccional de una vivienda, quien establece sus características y quien controla su existencia?

En argentina las municipalidades son el ámbito de incumbencia y deberían establecer las exigencias y de regulaciones "aguas abajo" del medidor de energía, pero salvo honrosas excepciones, NADA hacen para cumplir ni hacer cumplir elementales condiciones de regulación y control que son de práctica en los países desarrollados. En lo personal en la ciudad de Córdoba desde 1986 presente, gestione y reclame por propuestas de regulación que nadie miro, considero o le importo tener en cuenta, y así estamos. Miles de edificios se construyen y comercializan sin saber si tienen o no las mínimas condiciones de seguridad eléctrica para sus habitantes que ante un siniestro se tendrán que hacer cargo de lo que la Municipalidad elude y al parecer seguirá eludiendo; claro hay intereses de quienes piensan que es mejor y más "barato" construir y vender inmuebles con libre albedrío eléctrico.

Con esta realidad disociada entre lo que supuestamente exige la ED (protecciones que la técnica aconseja) y la falta de regulación y control municipal al respecto ¿Qué se supone que el dueño y víctima del incendio debe hacer, y que se supone que los peritos debemos elevar al juez?

Los peritos no somos magos para sacar de la galera una solución que el estado no resuelve; pero debemos trabajar en lo que se nos encomienda. Por un lado somos ciudadanos preocupados por una realidad de implacable siniestralidad y por otro lado somos peritos de hechos que hace años son previsibles por la inacción y desidia del estado en estos temas. En este caso la ED no paga los daños de sus sobretensiones y continúa con un juicio que es complejo y costoso para su cliente que confió en que la ED le brindaría un servicio confiable de 220 V.

Tipo, origen y consecuencias de los daños: Por lo que se establece en autos se trató del corte del conductor neutro de la red de la ED originado en un golpe desde el brazo de alimentación de un vehículo del sistema denominado trolebús. La sobretensión consecuencia de ese corte de conductor neutro ingreso y origino daños e incendios en una vivienda moderna y construida con materiales de calidad y con electrodomésticos de alto costo de reposición

Tipo de pericia: Pericia de parte

Contestación a preguntas de autos

Pregunta 1.- Para que diga el perito si existen normas técnicas para la instalación de líneas eléctricas aéreas en zonas urbanas, en su caso acompañe copias de las mismas, sean Nacionales, Provinciales, Municipales y/o dictadas por la ED.

En la República Argentina existe un cuerpo normativo que emite la AEA y que son tomadas como referencias en las ED para las condiciones de proyecto en líneas eléctricas de todo tipo que ocupan espacios públicos, y entre ellas las líneas eléctricas exteriores.

Como referencia existe la Reglamentación sobre "Líneas Aéreas Exteriores" de la AEA sobre la cual más adelante se indicaran algunos puntos que pueden resultar de interés pericial.

La ED emite documentos técnicos denominados Especificaciones Técnicas (en adelante E.T), que establecen las consideraciones de cumplimiento obligatorio para el proyecto y construcción de líneas y redes eléctricas. Para el caso particular, se adjunta copia de la ET xxx sobre "Líneas Aéreas de Baja Tensión con conductores preensamblados", sobre la cual se indicarán puntos que pueden resultar de interés pericial.

Pregunta 2.- Para que diga el perito si las normas establecen distancias mínimas a contemplar respecto a la ubicación del tendido de las líneas eléctricas y las línea de trolebús que origino el hecho

Respondo mediante lo establecido por la AEA "Líneas Aéreas Exteriores" que en el punto correspondiente (textual en recuadro) dice:

> 2.1.07.- **Distancias a respetar para los conductores:** Los conductores y los cables de guardia de las líneas eléctricas en la hipótesis de flecha máxima, sea con catenaria vertical o con catenaria desviada respecto a la vertical, en ningún punto deben tener una distancia en metros menor de:
>
> e) 1 metro para las líneas de clase cero y primera de los sostenes de otras líneas eléctricas o de telecomunicaciones, este mínimo puede ser reducido a 0,50 m cuando se trata de cables aéreos y en cada caso en los poblados.

Si se considera que la línea de trolebús es de tipo desnuda (no es de cable aislado) y de clase primera (menor a 1000 Volt), la distancia mínima establecida en el punto 2.1.07 f) debe cumplir con:

> *Distancia mínima = 1 metro*

> 2.1.08.- **Distancias a respetarse para los sostenes:** Los sostenes de líneas eléctricas y las correspondientes fundaciones no deben tener ningún punto fuera de tierra a una distancia en metros menor de:
>
> d) 2,00 m del riel más cercano de ferrocarriles, en sede propia o en la calzada, en el interior del poblado y para vías muertas y los desvíos industriales también fuera del poblado, del más cercano conductor de contacto de líneas de trolebús en el interior del poblado, sigue...

La distancia mínima del sostén (poste que sirve de soporte de línea eléctrica) de la ED respecto de la línea del trolebús debe cumplir con:

> *Distancia mínima = 2, 00 metros*

Pregunta 3.- Para que diga el perito si las normas para líneas eléctricas de servicio y de trolebús y para ambas su relación de distancias respecto de la línea de edificación de la propiedad privada.

Respondo mediante lo establecido por la AEA "Líneas Aéreas Exteriores" que en el punto correspondiente (textual en recuadro) dice

> 2.1.08.- **Distancias a respetarse para los sostenes:** Los sostenes de líneas eléctricas y las correspondientes fundaciones no deben tener ningún punto fuera de tierra a una distancia en metros menor de:
>
> c) 2,00 m de la línea de edificación.

Las distancias de los sostenes de los conductores de otras líneas eléctricas o de telecomunicación no deben ser inferiores a las determinables aplicando las prescripciones de los puntos 2.1.07.e) y 2.1.07.f) a los conductores a los cuales los sostenes se acercan.

De lo establecido por AEA se concluye que respecto de la línea de edificación, los sostenes deben quedar a 2 metros respecto a otras líneas eléctricas (de primera clase o menor a 1000 Volt), además de lo ya indicado anteriormente en 2.1.07.f) con:

Distancia mínima = 1 metro

Pregunta 4.- *Para que emita el perito su opinión, en base a la ubicación del tendido de líneas de la ED y trolebús que se encuentran en la calle xxx al Nº xxx, cual es la distancia entre las mismas y si se ajustan a las normas requeridas en las preguntas anteriores.*

De la observación y por la determinación de valores la distancia entre las mismas es de 0,6 m y por ello no cumplen con lo establecido por la AEA.

Pregunta 5.- *Para que informe el perito si en el lugar del hecho fueron removidas las líneas eléctricas y las líneas de trolebús, o en su caso si subsisten en su ubicación original.*

La observación nos muestra que la ED ha realizado algunos cambios y retendido de cableados de su red preensamblada de suministro. No se observan cambios visibles en la red de trolebús.

Pregunta 6.- *Para que informe si un "brazo" de alimentación de los trolebuses desprendido puede cortar una línea de la ED de media o baja tensión y a su vez, si el mismo puede ser causa eficiente para generar una sobrealimentación de energía eléctrica en el suministro domiciliario, provocando cortocircuito o incendio.*

El denominado "brazo" metálico forma parte del vehículo trolebús y permite que la energía eléctrica de la línea eléctrica ingrese por medio de conexiones al motor eléctrico interno del trolebús, que de esa manera se moviliza.

A menudo sucede que el brazo metálico del vehículo trolebús se desprenda de su conexión y como tiene mecanismos semejantes a resortes desconecte al vehículo trolebús de la red. En esas circunstancias el chofer del trolebús debe mediante una soga instalada para tal fin, volverlo a ubicar respecto de la línea eléctrica en este caso exclusiva para el suministro de trolebús. Pero ese golpe del brazo puede dañar un cableado situado en la misma trayectoria vertical del brazo.

Si se analiza lo sucedido en Autos, se puede denominar "sobrealimentación" al hecho que el brazo metálico del trolebús por su desconexión golpea y corta el neutro de la red eléctrica que se encuentra por encima de la red de trolebús y ese corte de neutro origina los daños por sobretensión que se mencionan en el expediente.

Si por cualquier razón, se corta el denominado conductor neutro (soporte mecánico de la red) la red de la ED no puede ofrecer la tensión normal de 220 V. Se puede demostrar que ante el corte del conductor neutro la tensión crece desde su valor normal de 220 V hasta un máximo de 380 V; es decir crece en el orden de 173% de la tensión convenida entre la ED y los usuarios de 220 V.

Si por causa de fallas o anormalidades en la red de la ED la tensión eléctrica contratada de 220 V aumenta; la misma ingresará a los domicilios y causará daños y riesgos a los ocupantes pues las instalaciones eléctricas de las viviendas están preparadas para la tensión eléctrica convencional de 220 V.

La tensión eléctrica de 220 V solo puede aumentar desde la red de la ED

Si al cliente se le aplica una sobretensión sus aparatos e instalaciones sufrirán rápidamente un deterioro; dañándose y originando fallas y cortocircuitos y en este caso incendios en la vivienda.

Pregunta 7.- *Para que informe el perito si existe riesgo para las personas y las cosas cuando una línea eléctrica se encuentra sobrealimentada.*

Las instalaciones eléctricas de las viviendas se proyectan para recibir 220 Volt, pues se supone que es la tensión convenida entre los usuarios y la ED.

En las redes de la ED y por corte del conductor neutro se pueden originar sobretensiones; y por ello cortocircuitos e incendios o daños personales a los ocupantes de las viviendas cuyas instalaciones eléctricas no resisten las sobretensiones que puedan provenir de la ED.

Pregunta 8.- *Para que informe si existen normas que regulen la instalación de líneas. En caso positivo si las mismas han sido respetadas o no en la dirección aludida y deberá informar quien es el encargado responsable de dictarlas y/o verificar su cumplimiento.*

La ED tiene la propiedad y debe ejercer las funciones de policía de seguridad técnica sobre todas las instalaciones de generación, trasporte y distribución de energía afectadas al servicio público. Los usuarios deben cumplir las Especificaciones Técnicas que la ED exige para acceder al suministro del servicio eléctrico.

La ED diseña sus redes de energía eléctrica según sus propias normas técnicas que en general están fundadas en Reglamentaciones de referencia como la mencionada de la AEA.

Como ya se indicó la Reglamentación AEA y las Normas propias de la ED no se cumplieron; y nadie más que la ED puede ingresar a sus propias redes y controlar que las normas se cumplan si se quieren evitar hechos como los descriptos en Autos.

Considero entregada la tarea y solicito respetuosamente la correspondiente regulación de honorarios profesionales de acuerdo a las leyes de ejercicio profesional de la ingeniería especializada.

1.4. Incendio y daños en un departamento por el ingreso de humedad desde una pared compartida con otro departamento

COMPRENSION CON FINES DIDACTICOS (NO FORMA PARTE DE LA PERICIA

Antecedentes: Se trató de un incendio y daños en un departamento por el ingreso de humedad desde una pared compartida con otro departamento donde se supone se perforo un caño del servicio de agua. La humedad persistente finalmente origino un cortocircuito en un tomacorriente que persistió y las protecciones del tablero seccional del departamento afectado no operaron eficientemente para desconectar el circuito; el departamento afectado estaba circunstancialmente sin moradores. Esta "cadena de circunstancias que llevan a un siniestro" es típica de muchas pericias; es una cadena de circunstancias que es "casi imposible que ocurran", pero ocurren.

En este hecho volvemos a lo ya conocido:

El estado no legisla y no controla sobre características y dispositivos que debe tener una instalación eléctrica, se originan los daños y la disputa judicial entre las partes.

Por ejemplo, un cortocircuito origina corrientes de altísimo valor (miles de ampere) y como falla es prácticamente imposible que ocurra en una instalación normalizada por AEA 90364; pero en este hecho ocurrió y por un factor de ocurrencia externo (humedad desde otro departamento).

No conozco la legislación respecto a paredes compartidas, pero no me parece aceptable que si un caño de agua se daña se traslade la humedad por una pared compartida entre las dos propiedades. Esta pared entiendo que era de bloques y claro la humedad paso.

El propietario del departamento dañado y que compro de buena fe ¿qué sabia de lo que requiere una instalación eléctrica para ser segura?, se enteró de esa necesidad de seguridad cuando vio su departamento incendiado. ¿Porqué las municipalidades que por ley están a cargo de controlar lo que se construye no hacen su trabajo de control? Cobran por cada proyecto que ingresa a la municipalidad correspondiente y no destinan ese dinero a defender los intereses de quienes habitaran esos edificios.

Por ejemplo, en España ya hace 100 años que el estado controla por medio de inspecciones nacionales todo lo que se construye y funciona pues el país regula los intereses de quienes sostienen al mismo estado. En argentina NO y así nos va. ¿Cuál es la ventaja de no controlar? Es más barato para la municipalidad pero es injusto y carísimo para las víctimas.

Es apta una instalación eléctrica de un inmueble al ingreso de humedad, NO.

Debe ingresar humedad desde una propiedad a otra, NO.

Son aptos los materiales de una instalación eléctrica al ingreso de humedad, NO pues se destruyen.

¿Pueden evitar las protecciones un principio de incendio?, a veces SI y a veces NO.

Las protecciones del tablero seccional detectan sobrecorrientes, cortocircuitos, fallas a tierra o contactos directos de personas; pero ante una falla en la instalación eléctrica y un principio de incendio puede ocurrir un incendio aun después de cortada la alimentación eléctrica.

La ED no tiene nada que ver en este hecho. En argentina las municipalidades son el ámbito de incumbencia y deberían establecer las exigencias y de regulaciones "aguas abajo" del medidor de energía, pero salvo honrosas excepciones, NADA hacen para cumplir ni hacer cumplir elementales condiciones de regulación y control que son de práctica en los países desarrollados.

Miles de edificios se construyen y comercializan sin que se analice y/o controle si tienen o no las mínimas condiciones de seguridad eléctrica para sus habitantes que ante un siniestro se tendrán que hacer cargo de lo que la Municipalidad elude y al parecer seguirá eludiendo; claro hay intereses de quienes piensan que es mejor y más "barato" construir y vender inmuebles con libre albedrío eléctrico.

Tipo, origen y consecuencias de los daños: Por lo que se establece en autos se trató de un incendio, humos y daños originados desde un tomacorriente humedecido en una pared de la instalación eléctrica y daños en la construcción y en electrodomésticos de alto costo de reposición

Tipo de pericia: Pericia de parte

Pregunta 1.- *Informar su opinión sobre los motivos de un incendio ocurrido el día xx en el departamento del Edificio xx*

Observada la instalación eléctrica motivo del informe, con las fotografías existentes y los informes de autos elevo mi opinión fundada en los informes y en lo observado en el lugar:

Causal: Combustión en un tomacorriente embutido de la instalación eléctrica del departamento ubicado en una pared que separa el departamento donde ocurrió el siniestro respecto de un departamento colindante.

Motivos y situación a la fecha: Se observan los daños, paredes quemadas y la destrucción del mobiliario y electrodomésticos.

La instalación eléctrica estuvo sometida a la acción de la humedad cuando esa situación es totalmente perniciosa e incompatible con la necesaria aislación que es la garantía técnica de la seguridad eléctrica necesaria para evitar peligros como el ocurrido.

Cuando la corriente eléctrica circula por lugares o elementos que no están preparados para esa acción (paredes, caños y cajas de tomacorrientes humedecidos) origina una acción de calentamiento ígneo que desarrolla temperaturas que en pocos segundos establece incendios en materiales y equipos de contorno plástico usualmente ubicados en el entorno de las instalaciones eléctricas.

El humo que se propaga más rápidamente que la misma temperatura es la mayor causa mortal de los incendios, pues las personas quedan indefensas y sus pulmones reciben gases carbónicos que llevan a una muerte prácticamente instantánea; situación que felizmente no ocurrió en este incendio.

La seguridad técnica se funda en preservar las instalaciones eléctricas de las acciones que modifiquen su esencia aislante, pues los fenómenos consecuentes son de tal rapidez que en numerosos casos no pueden ser corregidos por la voluntad humana y más si las personas no se encuentran en el momento y lugar justo para poder intentar corregir de alguna manera la situación.

Pregunta 2.- *Informar la peligrosidad de la acción de la humedad sobre la instalación siniestrada.*

Como ya se informó la acción de la humedad destruye la aislación básica de los componentes de las instalaciones eléctricas y origina caminos conductivos de altas temperaturas y acciones de humos e incendios sobre materiales cercanos que si toman temperatura propagan el incendio aún con la tensión desconectada.

Justamente la técnica indica que las instalaciones eléctricas deben quedar embutidas, aisladas y fuera del alcance de las acciones agresivas y destructivas como la humedad mencionada en este hecho.

Pregunta 3.- *Determinar si la energía eléctrica constituye una <u>cosa riesgosa</u> en sí misma.*

La estadística de muertos e incendios nos dice que la energía eléctrica es peligrosa para los seres humanos y bienes, pues las corrientes derivadas por personas o por partes metálicas de los componentes desencadenan procesos de energía que destruyen las partes vitales de las personas e incendios dantescos en viviendas, locales y edificios. En definitiva es obvio que la energía eléctrica es riesgosa y esa particularidad debe ser respetada sobre todo en las instalaciones denominadas de inmuebles (viviendas, locales, etc.) donde las personas nada saben de peligros pero sufren sus consecuencias.

Pregunta 4.- *Por si el perito quiere agregar algo más referido al siniestro de autos*

Este perito entiende que si el estado no ejerce la función preventiva es natural que los ciudadanos busquen lo correctivo en el ejercicio de su derecho legal. Entonces se generan demandas y gastos considerablemente mayores a los ahorros del estado que por inacción, omisión o ignorancia permite que se construya y comercialicen inmuebles con instalaciones eléctricas y otras anormalidades que presentan la posibilidad de generar daños como lo sucedido en autos

Considero entregada la tarea y solicito respetuosamente la correspondiente regulación de honorarios profesionales de acuerdo a las leyes de ejercicio profesional de la ingeniería especializada.

1.5. Electrización y daños por descarga a tierra desde una línea de alta tensión de 66 kV perteneciente a una ED

Se trató de una electrización y daños por quemadura de un operario que trabajaba en un techo de una construcción ubicada <u>debajo</u> de una línea de alta tensión. El operario portaba un elemento metálico y por el acercamiento a la línea se originó una descarga disruptiva (descarga a tierra que sucede por el espacio de aire entre un cable desnudo con alta tensión y un elemento metálico y la tierra). La protección de falla a tierra de la línea de alta tensión desconecto la línea en el tiempo convencional de algunos segundos; pero como no es una protección de acción instantánea al contacto directo y la descarga, origino daños.

Se le reclamo a la ED su responsabilidad fundando el reclamo en un tema muy interesante para analizar:

Resulta que las distancias mínimas de cables de alta tensión desnudos al suelo están establecidas por Normas propias de la ED y que a su vez están referidas a distancias establecidas por AEA al respecto. Las distancias mínimas hacia el suelo son parte de los datos de proyecto de una línea pues los costos y tamaños de soportes son mayores si se debe cumplir con distancias al suelo mayores. Parte de los costos de ejecución de una línea de alta tensión están condicionados a las distancias al suelo que la línea debe cumplir. Las distancias mínimas al suelo están condicionadas a la zona por donde pasa la línea, pueden ser menores si la línea pasa por zonas <u>no urbanizadas</u> y mayores si pasa por <u>zonas urbanizadas</u>.

En este caso la línea fue construida con las distancias de zona no urbanizada y con el tiempo por el desarrollo de la zona quedo en una zona urbanizada y las distancias mínimas de la línea al suelo que establece la misma ED para zona urbana <u>ya se no cumplían</u> en el momento del siniestro. Como la línea es propiedad de la ED, se entiende que sus técnicos deben estar atentos a estas situaciones y proceder a buscar soluciones y/ o mediante un rediseño aumentar las distancias al suelo de los cables y esto la ED no lo hizo antes del siniestro.

Después de producido en siniestro la ED SI modifico las distancias de la línea ubicada encima de la construcción donde se originó el siniestro. El tema central de la pericia era determinar la distancia de la línea de AT de la ED y el cumplimiento de esa distancia en zona urbana. Se realizó una medición exacta de esa distancia al suelo y se verifico que no cumplía con la distancia mínima en zona urbana, lo que resultaba evidente pues la ED posterior al siniestro cambio las sujeciones de los cables para elevar la distancia al suelo.

Otra circunstancia que se analizo era que:

¿Cómo era posible que la Municipalidad del lugar aparentemente vendiera a un particular un terreno que estaba ubicado debajo de la línea de alta tensión de propiedad de la ED?.

No se pudo conocer si la ED disponía, por la denominada "ley de electroducto", la posesión de la franja de terreno que está debajo de la línea de alta tensión. Cuando una ED construye una línea de alta tensión expropia por ley de elecroducto la franja del terreno debajo de ese terreno , entonces no se entiende como la Municipalidad vendió algo que no le pertenecía. Como perito oficial del siniestro convoque a una reunión de inicio de pericia y asistieron peritos de la ED y personas representantes de la Municipalidad del lugar. En esa reunión le pregunte al representante municipal:

Si una persona o Empresa construye en un terreno de la órbita de esa Municipalidad, ¿no debe presentar un proyecto antes de construir y la Municipalidad no debe controlar esa construcción? Me contestó brevemente que no tienen personal para controlar lo que se proyecta y/ o construye; y la reflexión termino.

Datos de la realidad

Es común observar edificaciones desarrolladas en la zona de trazas de líneas eléctricas con cables desnudos y "trabajadores cerca de esos cables"

AUTOS: XXXX c/ ED – DAÑOS Y PERJUICIOS

FORMAS DE RESPONSABILIDAD - Expediente N° XXX

OBJETO: PERITO OFICIAL PRESENTA PERICIA

Señor JUEZ:

Pregunta 1.- Si la ED modifico la línea después del accidente, panza de la línea, su antigüedad.

Se observa a simple vista que en los dos soportes existentes del tramo de la línea ubicada por encima del local comercial, la ED modifico la aislación de los soportes para elevar la distancia al suelo en ese tramo. En la reunión de inicio de la pericia, el perito por parte de la ED menciono que la línea fue construida en 1962 y entiende que el suelo por debajo de la línea le pertenece pero no exhibe documentación de prueba. También menciona que la denominada panza hacia el suelo varía según la temperatura ambiente (los cables se contraen en invierno y se dilatan en verano) e indica que la línea no fue modificada antes de los hechos pues no hubo aviso de la urbanización por parte de la Municipalidad.

Pregunta 2.- Valoración conceptual de los hechos

27

El operario recibe una descarga o arco voltaico desde los cables de alta tensión y una regla metálica de 2,8 m que portaba y cae desde un andamio ubicado 6 metros de altura con 30 % de quemadura. Al cable desnudo se le cortaron unas hebras pero el cable no se cortó por completo y se estima que si se hubiera cortado totalmente los daños podrían haber sido mayores.

En el expediente los otros operarios mencionan que no existían planos de la construcción, que no conocieron algún director técnico de obra ni control por parte de la municipalidad. Un operario menciona que el siniestrado trabajaba con una regla metálica de 2,8 m para terminar el techo y que al levantarla se acerca a los cables originándose una descarga. Que tenía llamas en sus pies, que quedo con las manos quemadas y que ninguno contaba con ropas de seguridad relacionadas con el riesgo eléctrico y que en la zona no se trabaja con arquitectos o ingenieros, solo con constructores y que no sabe si tienen o no título profesional.

El representante de la ED menciona que ante la descarga operaron las protecciones y se produjo la apertura de los interruptores de cabecera de la línea de alta tensión.

Desde lo técnico expreso que la línea fue desconectada en forma correcta por las correspondientes protecciones de falla a tierra, pero esa desconexión del orden de segundos no puede de ninguna manera evitar los daños de la corriente originada por el arco eléctrico sobre el operario.

Pregunta 3.- *Si el siniestro que sufriera el actor pudo realizarse por una descarga eléctrica inducida por aproximación, a la línea de alta tensión, de algún elemento metálico. Analice situación y fundamente.*

La descarga fue un resultado de la aproximación de un elemento metálico, el operario y la tierra o estructura del edificio que esta sobre la tierra. La situación es peligrosa pues la corriente eléctrica de la descarga es dañina, produce perforaciones y quemaduras en forma instantánea y no da lugar a ninguna acción para evitarla, salir o correrse.

Pregunta 4.- *Determine quién es el propietario de dicha línea de alta tensión*

Como ya se menciono es una línea de una ED que es la propietaria de la misma.

Pregunta 5.- *Establezca cuales son las posibilidades ciertas de que una persona sobreviva a un contacto directo, sin natural aislante o idóneo para ello, con una línea de alta tensión energizada.*

Se conoce por hechos similares que las descargas de alta tensión en personas sin aislación (ropas, guantes y calzado) son de alto contenido energético y en esa condición son perforantes y en su trayecto originan quemaduras. En numerosos casos las personas afectadas sobreviven pues son despedidas, como en este caso, pero los daños y secuelas físicas son considerables y requieren tratamientos específicos en lo físico y en lo mental.

Pregunta 6.- *Determine qué tipo de reparación realizó la ED en ocasión del siniestro motivo de autos. En su caso si ha sido correcta o si en su defecto pudo existir una alternativa de reparación de mejor condición o calidad.*

De la simple observación se nota que el cable que origino la descarga fue reparado (se corrigió la condición de hebras cortadas mediante un elemento de unión). En principio es una reparación correcta solo si el resto del tramo de cable quedo apto para el servicio. De hecho que los cables de línea de alta tensión fueron elevados aproximadamente un metro en el tramo por encima de la construcción; pero si en la traza de la línea se sigue urbanizando y construyendo la ED tendrá que levantar todos los cables que por su distancia no cumplan las distancias mínima establecidas por la misma ED para zona urbana.

Pregunta 7.- *Determine la distancia de los cables ubicados más cercanos al suelo de la línea de alta tensión en la situación de los hechos y en la situación actual.*

El día xxx convoque a una reunión de partes en el lugar de los hechos y se sacaron fotos de la situación de la edificación y su distancia respecto de los cables de la línea de alta tensión de la ED. Se realizó una medición exacta de las distancias al suelo actuales de los cables respecto de la edificación donde se originaron los hechos. Se elaboró un procedimiento técnico para establecer la distancia al suelo de los cables antes de la modificación para su elevación que realizo la ED posterior a los hechos.

En definitiva en la situación actual la línea de alta tensión en el tramo por encima de la edificación ya cumple las distancias mínimas al suelo en zona urbana. Se verifico que al momento de los hechos no cumplía esa condición y entonces los cables estaban aproximadamente 0,8 m más bajos respecto del suelo que lo que deberían estar en zona urbana para cumplir lo que establece la misma ED al respecto.

Al momento de los hechos la distancia al suelo de los cables de la línea de alta tensión eran menores a los exigidos por la misma ED y entonces resulta una situación riesgosa; pues las distancias mínimas son el resultado de estudios técnicos para evitar riesgos por acercamientos. La seguridad eléctrica respecto de líneas de cables desnudos se funda en distancias mínimas de separación.

Pregunta 8.- Determine si la manzana donde ocurrió el siniestro de autos es una zona densamente poblada o si existe tráfico de vehículos o personas que pueden verse afectados por el estado general de la línea de alta tensión.

La zona donde está ubicada la línea de alta tensión esta medianamente urbanizada y se entiende que está creciendo la construcción respecto de una línea construida hace 50 años. Es lógico que ya se produzcan interferencias e incumplimiento de las distancias al suelo de una línea que fue construida con las distancias de zona rural y que ahora es zona urbana.

Entiendo que la ED cuando elabora el proyecto de una línea de alta tensión toma como datos de proyecto la zona y si considera que esa zona es rural toma esa referencia para su proyecto. También me parece importante entender que una línea de alta tensión debe reacondicionarse a medida que las condiciones de entorno y urbanizaciones exijan otra tecnología (cableado aislado, subterráneo, etc.)

Pregunta 9.- Según las normas de seguridad vigentes, determine si en lugar donde ocurrió el siniestro motivo de autos, existen las medidas de seguridad necesarias para el resguardo de las personas o cosas que se encuentran en las inmediaciones de la línea de alta tensión.

La seguridad al contacto eléctrico o la descarga desde líneas de cableados desnudo se funda en las separaciones adecuadas respecto del entorno y que la línea de alta tensión quede en terrenos de uso público o en terrenos privados con la correspondiente franja por debajo de la línea expropiada que pasa a pertenecer a la ED por la ley de electroducto y donde no se debe construir.

Pregunta 10.- Determine al Tribunal, sobre quien es el encargado de mantener, reparar y conservar la línea de alta tensión, a saber: El dueño de la obra construida por debajo, la ED en su carácter de propietario de la línea y/o la Municipalidad en el carácter de titular registral del dominio

La cadena de responsabilidades depende de la situación.

El dueño está a cargo por ley de quienes trabajan en su obra y podría tener responsabilidad si la línea cumpliera las distancias al suelo; entonces sería una actitud temeraria de los operarios acercar un elemento metálico a una línea de alta tensión de cables "que se ven".

La ED que es propietaria de la línea de alta tensión y es quien define sus características, su mantenimiento y de las adecuaciones técnicas que correspondan.

La Municipalidad no debe disponer ni menos vender terrenos ubicados debajo de la traza de líneas eléctricas. Las líneas en zona urbana deben recorrer espacios públicos (por ejemplo veredas). De hecho que si la Municipalidad permite la urbanización; con un plan lógico de control se debe exigir que la ED adecue sus líneas a esa nueva condición.

1.6. Electrocución y daños por descarga desde cables desnudos desde una línea de 13,2 kV ubicada en una vereda frente a un edificio

Se trató de una electrocución y daños por quemadura en dos operarios que trabajaban en una terraza de un edificio para instalar una antena y tocaron con un soporte metálico los cables desnudos de una línea de 13,2 kV. En el hecho judicial se le reclamo a la ED su responsabilidad fundando el reclamo en un tema muy interesante para analizar:

Resulta que las distancias mínimas de cables con 13,2 kV ubicadas en veredas de ciudades que crecen en su desarrollo urbano pueden quedar cercanas a los muros de edificios que a veces son construidos en la denominada línea municipal (LM) que es el límite del edificio respecto de la vereda de uso público.

Las veredas son de propiedad municipal y son de uso público para servicios varios entre otros para las ED. Cuando un particular construye un edificio trata de aprovechar su terreno al máximo y si la municipalidad le permite edificar hasta el límite de su LM lo hace y en ese afán una línea de cables desnudos de 13,2 kV (que son las que generalmente distribuyen el servicio eléctrico en las ciudades) puede quedar cercana al edificio. Entonces si la vereda es de 2m de ancho (a veces son de menor ancho) la línea ubicada en el eje de cordón vereda puede presentar cables desnudos hacia la edificación que no cumplan la distancia mínima de 2 m que establece la misma ED.

En este caso fui perito de partes y en una reunión técnica de peritos y partes en el edificio observé que los cables de la ED ya habían sido desmontados pero los soportes no se habían desmontado así que era evidente la situación de peligro de la línea en el momento de los hechos respecto de los límites de la terraza.

Un debate que se plantea en estos casos es:

Si la línea está construida "antes que la edificación" el que realiza la edificación debe informar a la ED de la situación y hacerse cargo del costo de la necesaria modificación (por ejemplo aislar los cables que correspondan respecto de su edificio).

Me consta que algunas ED que manejan la distribución de 13,2 kV en ciudades están sumamente preocupadas por esta situación y en la medida de sus posibilidades van modificando los diseños a cableados aéreos aislados o subterráneos. También me consta que muchos constructores no les importa la situación y continúan sus edificaciones a pesar de los emplazamientos de la ED situación que me hace pensar en el poco respeto que tienen de sus propios trabajadores realizando construcciones temerarias cercanas a cables desnudos de 13,3 kV (más adelante brindo un trabajo del tema).

AUTOS "XXX c/ ED.

PERITO PRESENTA SU INFORME DE PERICIA

Pregunta 1.- *Informe sobre quien es la propietaria de la línea de 13,3 kV donde se originaron los hechos*

La línea eléctrica de conductores desnudos de 13.200 V es de propiedad de una ED y por lo expresado por el perito oficial las distancias de los cables con 13,2 kV no cumplían con la distancia mínima de dos metros a la edificación. La distancia mínima de 2 m la establece la propia ED en sus Normas.

Pregunta 2.- *Informe sobre la situación de las distancias de los cables desnudos de la línea de 13,2 kV respecto de la edificación en el momento de los hechos y en la situación actual*

En la reunión técnica de peritos en el edificio de los hechos convocada oportunamente y debidamente notificada con la antelación establecida por los tribunales[4]; se observó la posición de los muros del edificio y su terraza respecto de los cableados desnudos de Media Tensión (MT) de la línea de la ED ubicada en la vereda del frente del edificio.

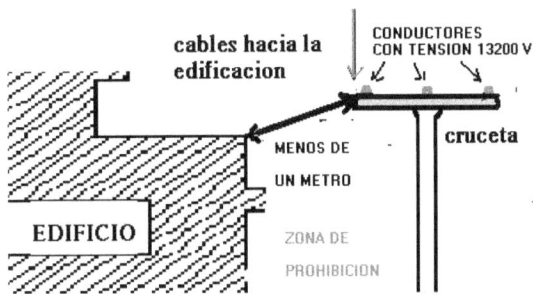

Observando desde el muro de la terraza y hacia la vereda de 2 m donde están ubicados los apoyos y crucetas de HA que soportan los cables desnudos de la línea de 13,3 kV nos encontramos con una evidente situación de incumplimiento de la distancia mínima establecida por la misma ED que indica la separación de 2 m mínimo entre cables con 13,2 kV y edificaciones. Esta situación se origina por el diseño de soportes con <u>crucetas</u> (ver más adelante) "hacia la edificación" y en ese diseño uno de los cables desnudos se acerca a menos de 1 metro de la edificación.

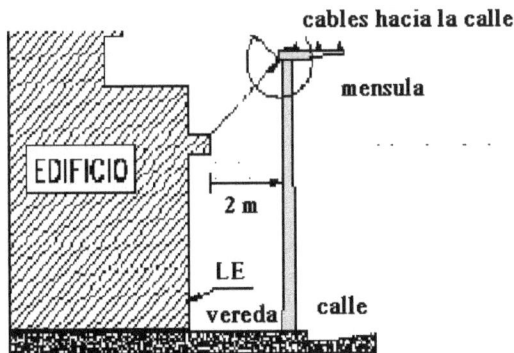

Las Normas de la ED establecen un esquema de zonas de prohibición de 2 metros en el entorno de una edificación; la línea donde se produjo el hecho invade la zona de prohibición. Esto es evidente si se

---

4.   Los peritos oficiales al hacernos cargo de la tarea que nos encomienda el tribunal, debemos dejar expresado por escrito en expediente un inicio de tareas periciales con al menos 20 días hábiles para que el tribunal informe a las partes. Si el perito oficial no realiza esta notificación en el expediente no se da inicio oficial a la pericial y los abogados la invalidan. Antes de aceptar una pericia el perito oficial sorteado tiene derecho a leer el expediente y decidir si acepta o no la pericia. Si existen gastos el perito los debe solicitar al tribunal.

observa el dibujo donde a modo de comprensión la línea" esta dibujada" con los conductores ubicados en una cruceta (situación actual de la línea de 13,2 kV) Con ese diseño los conductores desnudos se acercan a la edificación en forma peligrosa.

La solución técnica que la misma ED establece en las veredas de 2 metros, donde es necesario cumplir la distancia mínima de 2 metros hacia edificaciones, es mediante la utilización de <u>ménsulas</u> donde los cables "quedan hacia la calle" y no "hacia la vereda".

***Pregunta 3.**- Realice un relato conceptual de los hechos, su origen y motivos*

En autos el informe policial describe la situación del lugar del siniestro y su posible origen. El siniestro ocurre cuando dos operarios trataban de montar una antena con un soporte metálico de 3 m de longitud que maniobraban en la terraza del edificio. En esas tareas el soporte metálico se inclina y cae sobre los cables desnudos de la línea de 13,2 kV y se origina una descarga de electrocución sobre uno de los operarios y una electrización sobre otro operario.

***Pregunta 4.**- Por alguna consideración técnica que el perito pueda aportar para el tribunal*

Se puede observar en autos que los trabajos que llevaron al siniestro se realizaban de manera peligrosa pues la línea y cables desnudos con 13,3 kV <u>se podían observar a simple vista</u> desde la terraza y no se tomó el recaudo de evitar acercarse o tocarlos con un elemento metálico de tamaño considerable. Los trabajos de este tipo generalmente no se realizan con la dirección técnica de un profesional especialista con incumbencias, en la realidad las empresas que realizan este tipo de trabajos solo contratan operarios y no direcciones técnicas.

1.7. Electrocutado en un pilar de acometida de 220 V

Analicemos la razón de la electrocución, el motivo de la demanda, la defensa de la ED y lo que dijo el Juez.

La razón de la electrocución

En esencia se trató de un estudiante que se electrocuto por tomar contacto con una masa electrificada en un pilar de suministro de energía normalizado por una ED. Ya se ha explicado que una masa en un pilar de acometida es un elemento peligroso dada la imposibilidad de desconectar en forma instantánea una masa electrificada que adquiera 24 V o más por medio de las protecciones convencionales que utilizan las ED en las redes de suministro[5].

El motivo de la demanda hacia la ED

Resulta obvio que el pilar debe ser construido de acuerdo a lo que exige la ED; pero el pilar está dentro de la línea municipal de la propiedad del cliente. Si el estudiante se electrocuto en un pilar que se supone debe ser aceptado y seguro por la ED y está dentro de la propiedad del cliente resulta natural el reclamo hacia la ED.

Lo que dijo la ED

Argumento que una de sus resoluciones dice que el pilar debe ser cuidado y mantenido por el cliente y esa falta de mantenimiento y cuidado no la responsabiliza.

Lo que dijo la justicia:

---

5. El tema escapa a los objetivos de este libro pero debo recalcar que el perito especialista debe analizar la imposibilidad técnica de despejar en forma instantánea una masa electrificada en un pilar de acometida, lo que NO significa que la ED establezca instalaciones peligrosas dentro de la línea municipal de un inmueble que es donde se instalan, por ejemplo, los pilares de acometida

En esencia la justicia condeno por la electrocución a la ED pues considero que el elemento peligroso le pertenece liberando a la dueña del pilar de responsabilidades.

Lo que dijo el fallo

La ED pretendía responsabilizar a la propietaria del inmueble, pero el fallo subrayó que ésta no tiene la guarda del elemento que produjo la tragedia. Tras destacar que la descarga que causó el desenlace fatal se produjo en el caño del pilar de luz de la vivienda de la codemandada, donde ésta no tiene la "guarda" de tal elemento y "se encuentra bajo el poder de disposición exclusivo de la ED" que presta el servicio de electricidad. La Cámara ratificó la responsabilidad exclusiva de la ED por la muerte por electrocución de un joven, desestimando su pretensión de culpar a la dueña del inmueble por el suceso.

En esa inteligencia, el tribunal de apelación recalcó que "esos elementos (pilar y caño de bajada) no están puestos así por voluntad del propietario del fundo" y "antes bien, el emplazamiento de los mismos obedece a que existe una regulación específica por parte de la ED que detenta el monopolio del sistema del suministro de electricidad, estableciendo de antemano la forma en que el servicio público a su cargo habrá de ser brindado".

La víctima, un avanzado estudiante universitario y docente de un colegio secundario, falleció por electrocución al entrar en contacto con el caño del pilar de luz de la casa de la codemandada y la ED apeló la resolución de primera instancia, invocando que el hecho obedeció a desperfectos de la instalación eléctrica de la finca en cuestión, con lo cual pretendió responsabilizar a la titular del dominio.

La Cámara, rechazó el recurso y ratificó lo resuelto, tras advertir que "en ese sector, su dueño y guardián es ED no el propietario del inmueble quien sólo pone la estructura de su casa como condición obligatoria requerida por la ED en su carácter de prestadora del servicio público".

En ese orden, se puntualizó que "no se puede achacar al dueño (en los términos del artículo 1113, del Código Civil -CC-), que porque el pilar y caño de bajada de luz sean accesorios del inmueble de su propiedad deba responder civilmente por el riesgo o vicio de la cosa (energía eléctrica en este caso), si se ha demostrado en autos, que no tiene la guarda de ella, la que se encuentra bajo el poder de disposición exclusivo de la empresa de energía que la provee, transporta y distribuye en calidad de servicio público, imponiendo por ello obligaciones de forzoso cumplimiento a aquél con limitaciones y restricciones a su dominio".

Accesorios

"Esto significa, ni más ni menos, que no puede el propietario del inmueble construir ni destruir, o poner las cosas donde le plazca como si efectivamente estos accesorios le pertenecieran sin restricción alguna, pues no tiene el dominio en plenitud tal como es concebido por los artículos 2506, subsiguientes y concordantes, del CC" y "ergo, no puede responder por los vicios o riesgos de aquellas cosas que no puede controlar en ejercicio de su derecho de propiedad", predicó el fallo.

A su vez, se descartó que haya habido culpa de la víctima -como también aducía la ED, a cuyo efecto se resaltó "la inusitada peligrosidad que ostenta un caño (bajada de luz) electrificado que (...) pudo ser tomado por (...) cualquier otro transeúnte o viandante, lo que deviene demostrativo del riesgo que ello genera y la altísima probabilidad de que ocasione un daño por su peligrosidad innata, según las reglas de la causalidad".

2
Noticias, entrevistas y trabajos

2.1. Un joven murió electrocutado en una pileta

Me parece importante recalcar algunos aspectos de este siniestro. Resulta evidente que la instalación no tenía una protección diferencial que resolviera el contacto indirecto del joven con una baranda metálica electrificada, pero:

¿Es un edificio precario ejecutado en forma ilegal? Entiendo que NO.

¿Hubo un proyecto de ejecución del edificio a cargo de un profesional de incumbencias correspondientes en cuanto a las instalaciones eléctricas?, entiendo que SI, pero como es habitual no se contempló el riesgo eléctrico como resulta evidente.

La Municipalidad controlo el proyecto y ejecución de las instalaciones eléctricas del edificio y en particular de las piscina donde el riesgo es enorme por estar el cuerpo mojado, entiendo que NO. Es inaceptable y delictivo permitir instalaciones sin el nivel de seguridad indicado por AEA 90364 para zonas de mayor riesgo eléctrico.

La persona NO murió por un accidente, murió por la cadena de delitos que por omisión, ignorancia y falta de control que son prácticas generalizadas en Argentina.

¿Existen incumbencias específicas para instalaciones eléctricas en zonas peligrosas?, SI, pero hay profesionales que consideran que sus títulos los habilitan para hacer como que hacen y cobrar al respecto. Son las famosas zonas grises profesionales y la competencia con pocos valores éticos lo que lleva a ignorar el estado de la técnica que debe ofrecer una instalación eléctrica. Total un juicio es engorroso y con unos pesos todo se arregla.

¿Causa penal a profesionales e instaladores?; es inútil iniciarlas, en argentina no prosperan.

Noticia

El hecho fue verificado alrededor de las 20:30, en el edificio ubicado en xx donde fue encontrado sin vida un joven quien tenía sus manos aferradas a la baranda de la piscina.

El comisario xx dijo que "al parecer, el hombre se bañaba y se electrocutó. Se requirió la participación de bomberos y personal de la ED para cortar el suministro eléctrico". Añadió que, "el guardia de seguridad se encontraba haciendo la ronda habitual de vigilancia cuando encontró el cuerpo sin vida del joven".

2.2. La electrocución de Juan Aciar (13 años)

En diciembre de 2009, en medio de una lluvia, Juan Aciar perdió la vida cuando se agarró y quedo pegado a un cesto de basura metálico que adquirió tensión y que la crónica dijo estaba <u>conectado por dos cables metálicos a un cartel luminoso.</u> También se dijo que la zona estaba inundada y con "cables pelados"

Los ciudadanos podrán tomar como lógico que existan conexiones irregulares, cables pelados, protecciones que NO desconecten las masas electrificadas o que alguien vincule una masa con un cesto de basura metálico pero yo:

> No lo acepto, no puedo "hacer como que no conozco", me educaron en una universidad pública que pagaron todos los ciudadanos para que la sociedad progrese, para que sea más justa y no es posible que se considere lógico lo que no lo es.
>
> Argentina debe ser un país más justo y quienes tienen a su cargo la responsabilidad de la seguridad pública QUE LO HAGAN, que no den excusas, que controlen, que trabajen, que consulten con especialistas del cómo hacer que las instalaciones eléctricas de todo tipo en un inmueble o en una vía publica sean seguras al mejor "estado de la técnica".
>
> No sé lo que dirá la justicia sobre la electrocución de este niño, pero si no cambia la actitud de quienes tienen a su cargo la seguridad pública no aprendemos y no progresamos.
>
> No es aceptable que una masa en la vía pública adquiera tensión mayor a 24 V y que no sea desconectada en forma instantánea; es lo que establece la técnica y se debe cumplir si de verdad decimos que defendemos la seguridad pública.
>
> En este hecho se podrá determinar (a veces no es fácil) de dónde provino la tensión que adquirió el cesto, pero dada la indiferencia de tratamiento de las obligaciones técnicas relacionadas con las instalaciones eléctricas en argentina puedo suponer que el siniestro ocurrió por la indiferencia[1].

Este terrible siniestro está en pleno debate en la justicia, pero a modo de colaboración quiero puntualizar algunos temas técnicos:

¿Cómo es posible que un cesto metálico (que no es una masa) adquiera tensión?

¿Porque permaneció la tensión en el cesto (naturalmente puesto a tierra con un suelo inundado) y no se originó la actuación de desconexión de la correspondiente protección de falla a tierra del circuito que alimento esa tensión?

¿Qué circuito alimento esa tensión mortal?

Ya he mencionado que en argentina las masas en la vía pública (columnas de alumbrado público, tableros metálicos, cajas de acometida, etc.) están o deberían estar puestos a tierra pero:

---

1. Entiendo que el hecho esta en un proceso judicial donde no se ha definido de dónde provino la tensión que adquirió el cesto metálico, pero se supone que fue desde la masa de un cartel metálico vinculado al cesto por cables metálicos.

> Las puestas a tierra de las masas y las protecciones deben garantizar la acción preventiva de desconexión instantánea ante una eventual electrificación de la masa en la vía pública. Tengo mis serias dudas de que esa condición básica de seguridad eléctrica de PAT y desconexión instantánea se verifique y se mantenga por quien esté a cargo de la instalación eléctrica contenida en esa masa ubicada en la vía pública.
>
> Ejemplos:
>
> ¿Verifican las municipalidades que una masa de alumbrado público que adquiera una tensión de 24 V o más sea desconectada? A mi entender NO lo verifican.
>
> No entiendo la razón técnica de no utilizar protecciones diferenciales aptas para evitar el contacto indirecto con una masa electrificada.
>
> ¿Verifican las ED que una masa, por ejemplo, de una acometida que adquiera una tensión de 24 V o más sea desconectada? Entiendo que algunas ED establecen acometidas de Clase II donde no existen masas y otras ED no lo hacen. Entonces en las masas instaladas en acometidas ocurren electrizaciones y electrocuciones.
>
> Las acometidas están instaladas dentro de la línea municipal de propiedad privada y la ED debe garantizar que no existan masas electrificadas en una propiedad privada.

¿El cesto de basura que electrocuto a Juan Aciar era una masa? NO lo era. Pero adquirió tensión desde una vinculación metálica a un circuito que entiendo se está analizando en los autos.

El cesto metálico no era una masa y no es condición técnica del cesto metálico que este puesto a tierra; pero adquirió tensión pues supuestamente estaba vinculado a una masa que traslado tensión al cesto metálico.

Ya sea que el circuito perteneciera al local comercial, a la municipalidad, o la ED; todos estos actores deben garantizar la desconexión instantánea de una falla a tierra originada en sus circuitos.

Se mencionó que la energía mortal provino de un cartel ubicado en la vía pública.

> A mi entender CADA cartel metálico con componentes de 220 V debería pasar por el informe técnico de un especialista con incumbencias que firme la correspondiente garantía se seguridad eléctrica pues es una masa metálica que si adquiere una tensión peligrosa debe ser desconectada en forma instantánea. No es posible que existan ordenanzas mediocres y desactualizados respecto de las masas en la vía pública, que además nadie controla, mide ni verifica el accionamiento de la protección de falla a tierra del circuito que alimenta una masa.

A modo de ejemplo a continuación en 3.4 ofrezco un informe profesional de verificación de un cartel. Entiendo que cada cartel debería ser verificado por un profesional con incumbencia especifica en el tema

2.3. Operario que murió electrocutado en una finca

> El operario toca o se acerca a un cable desnudo de una línea eléctrica instalada dentro de un predio privado y se origina una descarga por el elemento metálico y el cuerpo del operario
>
> ¿Es seguro instalar una línea de cables desnudos en un predio privado? Si el predio se considera un inmueble en el marco AEA 90364 se deben instalar líneas de cables subte-

rráneos o de tipo preesamblados de aislación plena donde no se pueden originar corrientes peligrosa aun ante un toque conductivo como el ocurrido.

¿Quién legisla y/o controla la seguridad de las instalaciones eléctricas en un previo privado?

Sabemos que existe una alta tasa de siniestros por "acercarse o tocar cables desnudos por medio de elementos metálicos, plumas de grúas, etc.".

Resulta evidente que la línea no tenía una protección diferencial que resolviera el contacto directo. Si se la considera como circuito de un inmueble debería tener una protección diferencial apta para despejar en forma instantánea esa situación.

Noticia

Un operario murió producto de la descarga eléctrica que recibió cuando con un brazo mecánico tocó cables del tendido aéreo en el interior de una finca.

La víctima fue identificada como xxx , quien había llegado con su compañero enviado por una empresa a retirar la bomba de un pozo de agua y al intentar levantarla con la pluma de la grúa del camión rozó los cables y se produjo la descarga, según fuentes policiales.

El operario de la empresa había llegado en un camión grúa junto a su compañero a retirar una bomba de agua de esa propiedad.

Aparentemente el obrero no tenía elementos de protección y la corriente lo mató en segundos.

2.4. Trabajador comunal que murió electrocutado

El trabajador al intentar cambiar una lámpara de una luminaria toca con su cabeza (sin casco) un cable desnudo de una ED y se origina una descarga por su mano que estaba apoyada (sin guantes) en un soporte metálico de alumbrado público.

Al realizar la tarea sin los elementos de protección adecuados como guantes y casco se expuso a la descarga de 220 V de una red de 380V / 220V "que estaba viendo". Aquí se observa con claridad la necesidad de esos elementos de protección, que muchas veces son despreciados y por ello no son utilizados con el argumento que dificultan la tarea; en este siniestro esa actitud fue mortal.

La descarga necesita realizarse por un circuito cerrado y en este caso el circuito fue la cabeza y cuerpo del operario y la mano apoyada en la masa del soporte de alumbrado público. La escalera metálica que utilizo el operario estaba aislada, pero eso no es una medida absoluta de seguridad como se puede observar en este siniestro. De hecho que es correcto que la escalera metálica este aislada del suelo.

Una descarga hacia tierra desde una línea de distribución urbana no puede ser desconectada en forma instantánea por las protecciones que se utilizan (fusibles) y entonces en este caso fue mortal.

Las redes urbanas de 380 V / 220 V no disponen de protecciones adecuadas ante los contactos directos e indirectos (fallas, caídas de cables, etc.) lo que impone cuidar que esas fallas no se originen. El estado de la técnica nos ofrece redes aisladas (de aislación plena) y hasta redes subterráneas para evitar la mayoría de los contactos peligrosos que las denominadas redes de BT puedan originar.

Si un cable de una red desnuda de una ED toma contacto con una masa (por ejemplo una columna de alumbrado público) la situación es de alto riesgo pues la masa quedara electrificada y la protección de la red de la ED difícilmente desconecte la línea. Es una imposibilidad técnica que solo puede minimizarse si se cuidan los recorridos y los diseños para que evitar que la situación ocurra.

Las posibilidades económicas y "las verdades técnicas".

Es peligroso que una red de cables desnudos (por ejemplo de BT) quede ubicada cerca de masas (por ejemplo soportes metálicos de alumbrado público) y que además no se tomen los cuidados necesarios de mantenimiento que deben ser absolutos dada la imposibilidad de la red de BT de desconectar fallas y contactos. Si una red se construye sin aislación pues que se mantenga con operarios protegidos mediante aislaciones y se eviten los cortes de cables que pueden originar tensiones mortales.

No creo que el gasto de guantes y cascos para los operarios sea un gasto irrealizable para una ED.

Una cosa es el gasto posible en una red y otra la desidia de manejarla sin el mínimo cuidado.

Noticia

El siniestro se originó cuando el trabajador realizaba tareas de mantenimiento del alumbrado público. En ese momento se desprendió un cable que le tocó la cabeza (el operario no llevaba casco) y la descarga se originó por su cabeza y por una mano que tenía apoyada en una columna metálica (masa) del alumbrado público.

La escalera estaba aislada de tierra por medio de los denominados patines.

Foto del hecho:

La escalera está apoyada en la columna metálica de alumbrado público que se alimenta desde de una red de cables desnudos de una ED. Se observa que la masa del soporte de la luminaria está ubicada sobre la cruceta metálica de la línea de la ED.

En el hipotético caso que la red de alumbrado público dispusiera de un interruptor diferencial no hubiera actuado en este caso pues no se trató de una falla o contacto en la red de alumbrado público.

La corriente que originó el daño circulo hacia la tierra por medio de la masa del soporte de alumbrado público. El tema da para la reflexión técnica de las consecuencias de ese tipo de instalaciones "donde todo soporte sirve para todo tipo de instalación"

2.5. Un joven muere luego de ir a una fiesta en un boliche

Esta noticia me parece importante para opinar:

¿Cuál es el concepto de seguridad eléctrica de instalar tomacorrientes que queden expuestos a fallas por la invasión de líquidos?, en este caso desde una espuma conductora.

Si se trata de una instalación eléctrica apta para la invasión de líquidos existen materiales aptos para esa condición (por ejemplo las instalaciones de lavaderos industriales) donde los tomacorrientes son aptos para que sus partes con tensión no sean invadidas por líquidos eventuales originados en la utilización de la instalación eléctrica.

¿Porque se electrificaron "los espacios" y no actuaron las obligatorias protecciones diferenciales que resuelven todo tipo de contactos eléctricos?, ¿no estaban instaladas?

¿Quién controla, exige, verifica y hace cumplir las normas básicas de seguridad eléctrica como la AEA 90364 en lugares públicos con instalaciones de 220 V donde además se emiten líquidos, espumas, etc.?

En este hecho la combinación de espuma conductora y la permanencia de 220 V originaron el siniestro y la tragedia.

Noticia

Un joven murió esta mañana en un boliche bailable y la justicia investiga si se electrocutó por el contacto de espuma artificial arrojada en el local con una conexión eléctrica. Por el momento, para la policía, el caso fue calificado como "muerte de etiología dudosa".

Los amigos del joven dijeron que todo ocurrió mientras el joven bailaba en el boliche. En esas circunstancias, dijeron, recibió una descarga eléctrica, al tomar contacto con la abundante espuma artificial que cubría el lugar y con algún cable o elemento eléctrico en el piso.

La versión sobre la muerte por electrocución surgió de allegados a la víctima y empezó a ser investigada por la justicia. El adolescente fue trasladado a un centro de salud municipal.

En el hospital, el médico de guardia practicó tareas de reanimación durante una hora y media, explicó a los medios un familiar de la víctima.

En tanto, la información oficial sólo certificó la muerte del joven, calificada en principio como de etiología dudosa, por lo que se aguardan los resultados de la autopsia del cuerpo para establecer las causas del deceso[2].

2.6. Un niño de 11 años se electrocutó en una columna metálica

Esta noticia me parece importante para opinar:

En este hecho la electrificación de la masa no se originó en una falla del sistema de alumbrado público. La ED utilizo en forma irracional a la masa de la columna de alumbrado público para engrampar un cable de 380 V/ 220 V. Los movimientos originados por es-

---

2. Una electrocución con corriente reducida pero mortal "generalmente no deja huellas" en el cuerpo.

fuerzos y vientos destruyeron la aislación del cable, se electrifico la columna metálica y no operaron los fusibles de la red de la ED. La masa permaneció electrificada un niño la toco y murió.

Es técnicamente irracional que una ED se apoye en masas de otros servicios para ubicar sus cableados de 380 V /220 V. Las protecciones de las redes de servicio de las ED tienen una imposibilidad técnica de detectar mediante sus fusibles las fallas que originan la electrificación de las masas. La comprensión de la imposibilidad técnica excede los objetivos de este libro, pero el perito especialista lo debe analizar y elevar en su informe pues no es posible que una ED no comprenda ni respete el peligro que representa que sus redes de 380 V /220 V "se apoyen" en masas de otros servicios ubicadas en la vía pública.

En este hecho la masa aparentemente no se electrifico por una falla del cableado o componentes de la columna de alumbrado público, la electrificación de la masa la origino el cableado de la ED.

De todos modos existen numerosos siniestros en masas electrificadas por fallas propias del alumbrado público que no son desconectadas en forma instantánea pues en estas redes SI es posible instalar protecciones de acción instantánea ante la electrificación de una masa.

La columna metálica de alumbrado público son masas y si quedan electrificadas y sin desconexión instantánea no se cumple la regla básica de seguridad eléctrica de desconectar tensiones de 24 V o mayor. La mayoría de los cientos de miles de columnas metálicas de alumbrado público en argentina son masas que pueden adquirir tensión peligrosa y permanecer electrificadas en la vía publica pues en el alumbrado público es habitual el pensamiento mágico de que "los fusibles y la puesta a tierra son suficientes"

Noticia

Murió al tocar una columna metálica de alumbrado público y caer al suelo.

Un chiquito de sólo 11 años murió electrocutado tras tocar una columna metálica electrizada del sistema de alumbrado público municipal.

La columna, por una presunta falla en un implemento colocado para pasar un cableado de una ED, estaba electrizada y el niño recibió una potente descarga que lo habría despedido con fuerza y lo hizo caer pesadamente al suelo.

El chico quedó en estado inconsciente, sus amigos avisaron a su familia y rápidamente fue trasladado, todavía con vida. Pero, lamentablemente, murió mientras era derivado al hospital.

Según informaron fuentes policiales, el accidente ocurrió alrededor de las 21 y alrededor de una hora después se constató su fallecimiento. Inmediatamente se dio intervención a la Policía y se abrió una causa por muerte dudosa[3].

---

3. Es bastante habitual mencionar por parte de la policía que un hecho de electrocución es una muerte dudosa, a veces también mencionada como de etiología dudosa. Una electrocución de 220 V generalmente no deja huellas evidentes en el cuerpo del electrocutado y con la lógica de evitar autopsias a veces se elude investigar el origen real de la muerte.

A primera hora de la mañana, por orden judicial, se examinó el lugar -resguardado por el personal policial y se extrajo la parte superior del poste metálico, a simple vista repleto de cableados, para someterlo a pericias, indicó la Policía.

La columna corresponde al alumbrado público municipal, pero también servía de soporte de "una línea de baja tensión, de una ED que distribuía la energía a los hogares". El intendente de la localidad dejó entrever que el lamentable episodio habría ocurrido debido a una instalación deficiente por parte de la ED.

"La columna de alumbrado público pertenece al municipio. Pero en la parte superior tiene una abrazadera con un gancho[4] que la ED utilizaba para pasar un cable preensamblado para distribuir energía a los hogares" Se dijo que "El problema es que eso estaba mal hecho pues la abrazadera apretaba el cable cuya aislación se dañó y provocó que toda la columna quedara con energía eléctrica. Fue un hecho muy lamentable", se dijo.

2.7. Una condena por electrocución basada en la responsabilidad absoluta de los actos (art. 84 del código civil *)

ARTICULO 84. - Será reprimido con prisión de seis meses a cinco años e inhabilitación especial, en su caso, por cinco a diez años el que por imprudencia, negligencia, impericia en su arte o profesión o inobservancia de los reglamentos o de los deberes a su cargo, causare a otro la muerte

La noticia publicada en el Diario Comercio y Justicia el día 18 de enero página 9A del 2012 (disponible al lector interesado) nos informa que el TSJ (instancia superior) condena por homicidio culposo a dos "electricistas" de la Municipalidad de Devoto por la muerte por electrocución de una nena que aparentemente toco una columna o farola metálica que tomo tensión por intermedio de un cable desnudo de alumbrado público de 220 V instalado en forma aparentemente precaria en la vía pública. Parece que el cable desnudo de alumbrado público quedo precariamente instalado junto con el cableado preensamblado de aislación plena.

Dice el TSJ *"para atribuir la muerte de la niña a los encausados en los términos del Art. 84 del Código Penal era suficiente que al colocar el nuevo cable preensamblado en reemplazo del cable de aluminio anterior los prevenidos no hubieran extraído este último, sobre todo, siendo que por su disposición cabía el riesgo de que al cortarse quedara colgando hasta la altura del suelo con uno de sus extremos tocando el herraje de la farola, posibilidad que se encontrara electrificado ante las diversas causas derivadas de los riesgos propios de la energía eléctrica"*

Lo interesante de la noticia es comprender la situación de los cables desnudos en las redes eléctricas de 380 V/ 220 V en la vía pública.

En este sentido en la vía pública se instalan redes para suministro de clientes de 380V/ 220 V y redes de alumbrado público.

De hecho que las redes desnudas, aisladas y separadas por distancias normalizadas fue el diseño convencional desde el origen de la utilización de la energía eléctrica y todavía existen numerosas

---

4. Los cableados preensamblados se deben instalar mediante elementos de sujeción normalizados en <u>soportes exclusivos</u> de la red preensamblada.

redes de este tipo en argentina pues fue el medio más económico de transmisión, pero también sabemos que:

- La protección ante contactos directos se funda en aislación o aisladores y la correspondiente distancia de separación y montaje. Es común que ante eventos como tormentas o vientos los cables desnudos se acerquen a otras instalaciones, al suelo o a masas de las columnas metálicas de alumbrado público ubicadas a veces muy cercanas a las redes. También se conocen acercamientos peligrosos de redes a edificaciones (como balcones o fachadas).

Para la protección ante contactos indirectos debemos mencionar algunas consideraciones técnicas que son especializadas pero es importante mencionarlas para los estudios del hecho:

- Las redes de suministro en argentina generalmente de diseñan mediante fusibles y esquema TN-C; y se supone que una falla a una masa originaría corrientes altas de cortocircuito de falla y el accionamiento de los mencionados fusibles. Pero si la falla es desde un conductor desnudo hacia masa y una PAT convencional del esquema TT la reducida corriente de falla generalmente no originará el accionamiento de los mencionados fusibles y es posible que una tensión peligrosa de la red quede en una masa metálica (o en el suelo).

- En las redes de alumbrado público se aplica el esquema TT y en argentina generalmente solo se instalan interruptores automáticos generales (protección de sobrecargas del cableado); y fusibles y PAT en cada columna con el concepto de proteger fallas a masa. Pero la experiencia nos dice que a pesar de los esfuerzos en poner una PAT aceptable es posible que la masa tome tensión y ese fusible no la desconecte.

Volviendo al caso, se supone que el conductor desnudo de alumbrado público toco una masa de una columna que quedo con tensión peligrosa y que no fue desconectada por la protección general de la red de alumbrado público.

Es importante reflexionar que en alumbrado público está vinculado a un esquema TT y es prácticamente imposible que una puesta a tierra de los elementos metálicos instalados en la vía pública (tableros metálicos, columnas metálicas, etc.) garantice la suficiente corriente de falla a tierra para el accionamiento preventivo de los mencionados interruptores automáticos o los fusibles instalados en cada columna. Otra seria la situación si se utilizaran interruptores diferenciales, por ejemplo de corriente diferencial 300 mA, aptos para el contacto indirecto.

El estado de la técnica actual es utilizar redes de aislación plena (preensamblado o subterráneo) pues ofrecen mediante su aislación plena una seguridad aceptable ante contactos directos e indirectos.

En definitiva y con "el estado de la técnica actual" queda claro que en la vía pública los cables desnudos energizados con tensiones convencionales de 380 V / 220 V implican un peligro y ya hace muchos años la tendencia es reemplazarlos por cables preensamblados o subterráneos de aislación plena donde; aunque la línea se caiga o toque elementos metálicos, el riesgo se reduce al menor riesgo posible que el estado de la técnica nos brinda.

Volviendo al caso entiendo que el Juez establece la condena a "los electricistas" por haber dejado conectado el cable desnudo a pesar de tener la posibilidad de desconectarlo pues ya habían instalado uno nuevo de modelo preensamblado que no presentaría los riesgos que originaron los hechos.

Sobre el porqué de la condena a "solo a los electricistas y no a quien debe asumir la responsabilidad de la dirección técnica de una obra" es un tema que está implícito pero no cuento con mayores datos para opinar.

En definitiva las modernas líneas de BT para alumbrado público de tipo preensamblado o subterráneo "fundan su seguridad en su aislación plena". También sabemos que en argentina generalmente no se instalan protecciones adecuadas de falla a tierra o contactos indirectos y entonces las puestas a tierra de las masas asociadas son parcialmente eficaces[5].

Si analizamos el origen del daño es evidente que el circuito no disponía de protección adecuada de falla a tierra ni de contacto indirecto como es común en la mayoría de las redes de alumbrado público en argentina. No es aceptable un diseño con estas falencias que solo están justificadas por el menor costo y que no ofrece "los menores riesgos posibles" en la vía pública.

En definitiva un diseño de "alumbrado público" debe responder al menor riesgo posible del estado actual de la técnica y eso comprende la situación de los posibles contactos directos e indirectos.

El Juez en este caso observo que los imputados dejaron un cable peligroso en la vía pública pudiendo reemplazarlo por un modelo que ofrecía mayor seguridad y que justamente era la razón del cambio.

¿La pregunta es? ¿Si el contacto del cable desnudo, que ya existía, con la masa se hubiera originado "antes de los trabajos de reemplazo" habría alguna imputabilidad?

¿Qué hace el estado para adecuar las redes públicas al mejor estado de la técnica?

Me indigna la poca cultura técnica que hay en argentina para cuidar a los ciudadanos que somos todos nosotros, incluidas las victimas que no tienen idea de que un cable energizado puede originar que una columna metálica tome tensión peligrosa situación que solo será advertida ante la electrocución.

Los conceptos técnicos de seguridad eléctrica no los inventamos los ingenieros, son el resultado de analizar las tragedias como la de hecho para revisar y establecer soluciones técnicas, pues de otra manera el hecho no servirá para mejorar la vida social e imperará la implacable estadística de siniestros.

Espero con esperanza que todo sea para mejorar.

2.8. Incendio en el Consejo Deliberante que funcionaba en el Edificio del Garden de la Ciudad de Córdoba

> Me parece importante recalcar algunos aspectos de este incendio. El Edificio de 15 pisos es moderno y está ubicado en pleno centro comercial de la Ciudad de Córdoba, y en los pisos 1 y 2 funcionaba el Consejo Deliberante de la Municipalidad de la ciudad de Córdoba.

---

5. En las instalaciones de alumbrado publico generalmente se instalan masas en la vía públic que de hecho se ponen a una PAT que no es verificada respecto de la actuación instantánea de una protección cuando una masa adquiera 24 Vca o mas.

El incendio se originó una mañana donde cientos de personas realizaban actividades en oficinas, locales comerciales y departamentos del edificio. El dantesco incendio genero humos y llamas, los locales de las calles aledañas fueron desalojados y afortunadamente los bomberos pudieron extinguirlo pues contaban con escaleras y medios de extinción aptos para el incendio.

No hubo víctimas pero los daños fueron cuantiosos y hasta se mencionó que la estructura del edificio había quedado dañada. En esa hipótesis durante muchas semanas no se permitió la circulación y actividad comercial interna en el edificio y enormes perjuicios económicos.

En forma increíble (estamos en argentina) "se politizo" el incendio, se dijo que era un atentado y entonces las necesarias acciones de reflexión para cambiar fueron despreciadas y primo el afán de no perder unos miserables votos en alguna elección futura, se trató de ocultar la verdad. Las sociedades que no reconocen sus errores y cambian, los repiten implacablemente.

En locales de tableros y equipos se acumulaban papeles y materiales combustibles, lo que está expresamente prohibido por AEA 90364 y por toda lógica de seguridad eléctrica.

¿Quién legisla y/o controla la seguridad de las instalaciones eléctricas desde el Consejo Deliberante que es justamente a quien hace 25 años se le reclama la iniciativa de legislar y hacer cumplir las regulaciones de seguridad eléctrica?

Noticia

La Fiscalía a cargo de la investigación del incendio de la ex sede del Concejo Deliberante de la Ciudad de Córdoba está "valorando" la prueba presentada por la Comisión Investigadora del siniestro creada un mes atrás por el cuerpo legislativo comunal, lo que podría dilatar la resolución judicial del caso.

Este y otros testimonios fueron tomados por la Comisión en una investigación sumaria que se llevó a cabo en las últimas semanas, y que agilizó su tarea luego de que se diera a conocer las conclusiones de la pericia efectuada por los ingenieros de la Universidad Nacional de Córdoba, que apuntaló la hipótesis de la "falla eléctrica" como causa del fuego.

Como se sabe, desde el primer día, la Municipalidad sostuvo la teoría de que el incendio fue provocado y que actuaron sustancias acelerantes para expandir el fuego por todo el segundo piso. Por su parte, los Bomberos de la Policía provincial consideraron, apenas apagadas las llamas, que se había tratado de un incendio accidental que se había iniciado en un aparato de aire acondicionado del segundo piso o en un tablero eléctrico. Sin embargo, la hipótesis del incendio intencional fue rebatida por la pericia realizada por la Universidad Nacional de Córdoba.

En una nota dirigida un año antes del siniestro, en octubre del 2004, se le pedía al Intendente ante «el simulacro de incendio llevado a cabo en la Municipalidad que no estaban dadas las condiciones en materia de seguridad». Se advertía, un año antes del incendio, que no estaban dadas «las normas de seguridad y salubridad laboral»

Un relevamiento realizado por Defensa Civil de la Municipalidad estimaba la existencia de «materiales combustibles» que hacía riesgoso el edificio del Garden. Además constaba que el lugar «carecía de extintores de acuerdo a lo establecido por el artículo 176 del Decreto 351/79».

El mismo informe aconsejaba «poner a tierra las masas, que las instalaciones eléctricas estén embutidas en canalizaciones y que «los papeles, plásticos, materiales combustibles, escritorios, sillas, etcétera en desuso deberían ser depositados en otro local respecto del local donde estaba ubicado el tablero seccional .Un tablero eléctrico no puede quedar expuesto a incendios por cercanía de materiales combustibles, si este criterio se hubiera controlado con un mantenimiento adecuado al menos se hubiera logrado una disminución del riesgo».

Lo dantesco que fue casi olvidado

2.9. Un incendio destruyó el Teatro Comedia

El Edificio era histórico y contaba con decorados, butacas y cortinados de alto valor cultural. El techo era una construcción con vigas metálicas y chapas que en el incendio se derrumbó y destruyo todas las partes del teatro.

Según se mencionó todo comenzó en un "cortocircuito" en la zona de escenario donde nada era ignifugo, el fuego prospero y fue desconectado por ninguna protección y no había personal que cuidara el teatro. Se generó un dantesco incendio que se llevó una sala teatral que nunca será recuperada como era originalmente.

El asunto de los cortocircuitos: Es la palabra milagrosa que explica lo inexplicable. La mediática toma como natural que origine un incendio por un cortocircuito, pero es un evento que debe ser desconectado en forma instantánea, por supuesto, si la instalación eléctrica cumple con las Normas.

No conozco si este siniestro estará en la justicia, pues sería el pueblo contra la municipalidad, cosa que la veo difícil que ocurra. Causa penal entiendo que no hay, así que se dirá cualquier cosa menos la verdad y allí quedo la sala presentando una tristeza inmensa.

Las responsabilidades se diluyen y no aprendemos:

Existe una documentación técnica que exigen los Bomberos para habilitar todo lugar donde concurran terceras personas. Como el teatro era municipal "y ellos DICEN que no se habilitan a sí mismos" nada se controló ni se verificaron las instalaciones eléctricas". La cadena implacable de ausencias, las explicaciones políticas interminables y de la sala del teatro no quedo nada.

Mirar hacia delante. La secretaria de Educación dijo: "Estamos acá para mirar hacia adelante"[6].

Noticia

El Teatro Municipal Comedia quedó destruido prácticamente en su totalidad luego del incendio que arrasó con la sala de 650 butacas. Del siniestro se salvaron sólo la boletaría, el *hall* de ingreso y el kiosco, mientras que la sala y los camarines quedaron cubiertos por las cenizas y los escombros del techo que se desplomó por la acción de las llamas. El fuego se inició a la madrugada, al llegar al lugar, los bomberos se toparon con un "fuego generalizado" en el interior del teatro, "cerca del escenario".

Sin alarmas contra incendios. El secretario de Protección Humana admitió que el teatro no tenía alarmas contra incendios pero insistió en que el lugar cumplía con todos los requisitos de seguridad vigentes[7].

Cuando el recinto estaba en manos privadas se le había otorgado una habilitación por cinco años; luego de una inspección de Bomberos; pero al pasar a manos municipales esa habilitación quedó caduca pues dijeron que "puesto que el organismo que la otorga (Municipalidad de la Ciudad de Córdoba) no se puede dar una habilitación a sí misma..." no cumplieron con mejorar la seguridad eléctrica y allí quedo nuestro patrimonio en ruinas.

---

6. La secretaria debería mirar para atrás, pues ya hace 30 años que se presentaron proyectos para la regulación de las instalaciones eléctricas y nada se logro y mucho se perdió. Total a Juan Pueblo le decimos que fue un accidente, un atentado o cualquier cosa para eludir responsabilidades.

7. Esto sí que es raro, ¿de cual seguridad habla el Secretario?

Así quedo la sala histórica del teatro.

El techo se derrumbó y todo el mobiliario y la historia quedo en chapas y escombros.

Sala vista superior. El triste "espacio vacío del arte".

3
Artículos y trabajos profesionales

3.1. Interferencias entre edificios y redes urbanas de 13,2 kV, peligros potenciales de electrocución.

En las ciudades el desarrollo inmobiliario y los permisos municipales de construcción de edificios origina que fachadas y/ o balcones queden desde su construcción y después cuando son ocupados cercanos a redes desnudas, por ejemplo de 13,2 kV ubicadas en la línea de cordón vereda. Por ejemplo con veredas de 2 m de ancho los diseños de algunas redes de cables desnudos en 13,2 kV no cumplen las distancias mínimas a edificaciones y balcones establecidas por las ET de las ED.

En la mayoría de los casos la línea de 13,2 kV es preexistente al edificio y entonces "el acercamiento" lo origina el responsable de la construcción del edificio que en muchos casos no hace las correspondientes gestiones ante la ED propietaria de la línea de 13,2 kV para buscar una solución a la situación que el mismo constructor del edificio ha generado.

Las distancias entre redes de cables desnudos y edificaciones la establece la ED de modo, que por ejemplo, una persona ubicada en un balcón o en una terraza no quede expuesta a una descarga por su cercanía respecto de los cables con tensión. Esa separación es del orden de 2 metros respecto de líneas de 13,2 kV.

Algunas ED establecen que al momento de requerir la demanda, el director técnico de la construcción informe por escrito la posición de su edificio respecto de líneas existentes (detalles de balcones y muros con posibles acercamientos).

Las redes de baja, media y alta tensión fueron la solución más lógica y económica para la distribución eléctrica, pero con el crecimiento urbano de las ciudades las líneas de conductores desnudos son potenciales fuente de acercamientos, a edificios, a columnas de alumbrado público y a otros servicios que también utilizan las veredas y la comparten con las redes eléctricas.

Hoy la tecnología nos ofrece redes aisladas aéreas y subterráneas pero las adecuaciones son lentas por el costo y los inconvenientes en el servicio que generan los cambios.

Línea de 13,2 kV de cables desnudos y edificio con salientes hacia la línea	Estructuras de madera de edificios donde los tirantes de madera "se clavan" en una ménsula que soporta "partes vivas" una Estación Transformadora urbana.

Andamios que se "apoyan" en crucetas de madera de una ET urbana. Todo un delito. ¿Y la dirección técnica?	Edificios y líneas redes públicas.

3.2. Córdoba en riesgo de cortocircuito, entrevista de Santiago Gómez al Ing. Rubén R. LEVY.

La seguridad eléctrica en **Córdoba** carece de una reglamentación específica. Si bien la ordenanza fue aprobada por el Concejo Deliberante en 2007, aún está a la espera de ser reglamentada por el Ejecutivo municipal.

En el último año de mandato de Luis Juez, el Concejo Deliberante sancionó la ordenanza 11.378 de seguridad eléctrica, creada en base a los requerimientos que la AEA.

Al aprobarse este proyecto, el Concejo Deliberante instó al Ejecutivo municipal a reglamentarlo en un plazo no mayor a los 60 días. Sin embargo, al día de hoy la ordenanza carece de un marco regulatorio para su aplicación y la ciudad de Córdoba aún no cuenta con una normativa de seguridad eléctrica.

Según Sandra Meyer, titular de la fundación Relevando Peligros:

> "el proyecto volvió al Concejo para volver a ser estudiado a causa de no incluir a inmuebles como clínicas, cines y teatros".

La fundadora de esta asociación se sumó en 2010 al trabajo que viene realizando el Colegio de Ingenieros Especialistas de Córdoba (CIEC), que desde 1989 piden la aplicación de las normas AEA por parte de la Municipalidad.

La importancia de la ley

> "Una ley de seguridad eléctrica es de tipo preventiva. Trabaja por acción y no por omisión",

explicó a CUPMultimedia el Ingeniero Rubén Levy, uno de los integrantes del CIEC. "Las instalaciones de acuerdo a la reglamentación AEA son más eficientes y seguras, ya que establecen el camino técnico que el instalador debe cumplir para llevar a cabo su trabajo y para que este sea seguro".

El Ing. Levy insiste en la

> "necesidad de cumplir las normas eléctricas en una ciudad que vivió consecuencias por no hacerlo".

Al citar ejemplos, el ingeniero señala el caso del incendio en el Teatro Comedia, provocado por un cortocircuito en el tablero eléctrico del escenario. Y agregó el siniestro ocurrido en el ex Concejo Deliberante –antes ubicado en el "edificio Garden"- también causado por cortocircuito.

El ingeniero electricista electrónico sostiene que la solución debe aplicarse desde el origen de una construcción. En donde

> "el arquitecto debería hacer una tarea multidisciplinaria con los distintos profesionales intervinientes para que no se escape ningún detalle de la seguridad".

El ing. Levy afirma que

> "toda la energía que no va por los cables representa un problema, no sólo porque existe un derroche energético sino también porque esta energía está fuera de control y puede causar un siniestro en cualquier momento".

Por otro lado, apuntó la necesidad de crear un Ente municipal que controle las instalaciones eléctricas. De esta manera, cada profesional que presente su proyecto debe dar cuenta de la documentación técnica y de los materiales a utilizar.

> "Los planos técnicos son la representación de una reflexión técnica. El ingeniero pensó como podía hacer la instalación y lo plasmó gráficamente. Un inmueble que

no cuenta con planos eléctricos denota que no hubo reflexión técnica a la hora de su construcción".

Por el lado de EPEC, sólo se ocupa de la distribución de energía, librando al azar las cuestiones relacionadas con las instalaciones y sus materiales. Sobre esto, Meyer opinó que

"la empresa no puede sólo repartir la electricidad y luego desentenderse de lo que pasa puertas adentro".

La tarea de relevar peligros

Desde 2010, Sandra Meyer lleva la tarea de relevar peligros en defensa de la vida (Fuente: CU-PMultimedia)

Sandra Meyer conoce la problemática y las consecuencias de la electricidad desregulada. En diciembre de 2009, en medio de una lluvia de verano, su hijo perdió la vida cuando tocó un cesto de basura conectado por dos cables a un cartel luminoso.

"Desde ese día no tengo descanso en trabajar por la seguridad en la vía pública",

confesó Meyer.

Ella es la encargada de llevar a cabo una lucha contra los peligros en la vía pública que amenazan la vida de las personas. Fue así como creó la fundación Relevando Peligros, creada a partir de una página web encargada de denunciar cualquier situación de riesgo. El portal de Internet no sólo buscaba alertar a los ciudadanos sino también a las autoridades para que estos solucionen el problema.

Pero Sandra fue más allá. Se sumó a la causa de la seguridad eléctrica en Córdoba y comenzó a trabajar en conjunto con el CIEC, armando una mesa de trabajo junto con ingenieros especialistas para activar la ordenanza 11.378 y crear una ley provincial eléctrica, similar a la que existe en Salta.

"Nosotros trabajamos en construir a favor de la vida",

resumió Meyer acerca de su labor.

"El vacío de mi hijo no me lo va a llenar nadie, pero uno cree que está haciendo el camino correcto".

51

La investigación

Para dar argumentos a la necesidad de una regulación eléctrica, Sandra Meyer investigó en las estadísticas sobre fallecidos por electrocución. A través de este trabajo, descubrió que su hijo no figuraba en los libros de la morgue como electrocutado. Esto llevó a que se movilizará para crear un registro que data desde el año 1996 hasta febrero de 2011. La cifra oficial es de 258 casos, pero la investigación de la fundación determinó 303 muertes por electrocución.

La reflexión

"Nunca vamos a llegar a una estadística real porque el informe médico es incompleto. Donde dice que la causa es un 'paro cardiorrespiratorio' debería sumársele por electrocución",

reflexionó Meyer.

Para el Ing. Levy lo importante, además de la cantidad creciente de muertos, es encontrar porqué murieron.

"Si nosotros sabemos que hay un riesgo eléctrico directo, es obvio que esas muertes suceden en instalaciones que no están normalizadas. Hay un absolutismo en la instalación eléctrica, pues si están normalizadas, se reduce drásticamente la cantidad de electrocutados y eso está demostrado en el mundo desarrollado donde se emiten regulaciones y se hacen cumplir".

3.3. Condiciones técnicas de seguridad de envolventes metálicas (masas) alimentadas con 380/ 220 V y ubicadas en la vía pública (fotos reales)

Los siniestros de electrización y electrocución en la vía pública merecen que se analicen las causas y se definan los criterios técnicos mínimos para garantizar la seguridad pública de los ciudadanos ante los riesgos eléctricos.

En la vía pública no deben instalarse componentes donde se pueda originar un contacto directo con "partes vivas"[1], y las masas no deben quedar electrificadas sin ser desconectadas en forma instantánea para no originar un contacto indirecto.

Las partes con tensión no deben quedar expuestas y las masas no deben quedar electrificadas.

Los carteles y soportes metálicos de luminarias (masas) ubicados en la vía publica deben estar diseñados para garantizar el bloqueo al contacto directo (tocar directamente un conductor o elemento con tensión) y en los circuitos que alimentan las masas disponer de una protección diferencial que ofrezca una desconexión instantánea si la masa eventualmente queda electrificada.

---

1. Es una denominación habitual que indica una parte conductora (conductor, conector, barra, etc.) normalmente con tensión.

Es necesario un diseño de bloqueos al <u>contacto directo</u> por personas que no conocen los riesgos eléctricos. Por ejemplo con tapas de acceso a luminarias ubicadas a 2 m de altura respecto del nivel del terreno y con tableros de comando cerrados.

Es necesario que los circuitos que alimentan masas se diseñen con interruptor diferencial de acción instantánea ante masas electrificada para evitar el <u>contacto indirecto</u>. Por ejemplo con la utilización de interruptores diferenciales de sensibilidad 300 mA

Revisemos algunos ejemplos de aplicación de estos criterios de seguridad eléctrica:

1) Soportes metálicos para artefactos de iluminación.

En general la columna metálica dispone de un orificio y tapa ubicada generalmente aproximadamente a 0,6 m del suelo para las conexiones y para los fusibles individuales de protección de la luminaria instalados en una placa interna de la columna. Se supone que no existe la posibilidad de un contacto directo con partes con tensión "siempre que la tapa este" pero en muchas columnas esa tapa **no** está; por acción del vandalismo, falta de mantenimiento, oxidación, etc. Nunca entendí la razón de ubicar esa caja a 0,6 m de suelo "donde si la tapa no está" quedan los conductores expuestos.

¿Porque no ubicarla, por ejemplo, a 2 m de altura?

¿Porque no instalar los fusibles en una caja sintética donde si la tapa no está queden ocultos al contacto directo? (ver más adelante caja de Clase II insertada en la columna de alumbrado público)

Foto real

Conductores o partes "vivas" expuestas en la vía publica en una columna metálica para alumbrado público.

¿Esas conexiones tendrán tensión? Todo al alcance de un niño.

La realidad de la seguridad eléctrica: Con una "abertura" y una tapa precaria para alojar fusibles que no son de Clase II <u>no se bloquea en contacto directo</u> y con la PAT no controlada ni relacionada con una protección de acción instantánea no se garantiza la desconexión del contacto indirecto. Más adelante se brindan cálculos y verificaciones de seguridad eléctrica ante masas electrificadas en la vía pública.

2) Cajas de acometidas de 380 V / 220 V.

Foto real

Partes "vivas" en la vía publica en una acometida en servicio de una ED. Estas cajas son especificadas por las ED y contienen los fusibles para toda la carga que suministran. Lo notable es que entre los fusibles están los separadores que se instalan para evitar que un arco de un fusible afecte al otro, "pero ese arco saldría hacia fuera si no hay puerta ni tapa". ¿Estas conexiones tienen tensión?

Contacto directo al alcance de un niño.

¿Quién controla que exista la tapa?

3) Puestas a tierra de masas en la vía pública.

Toda masa debe estar puesta eficientemente a tierra y el circuito que la alimenta poseer una protección de acción instantánea que despeje la masa electrificada cuando adquiera una tensión de 24 V o mayor (AEA 90364 y ley 19587).

Una puesta a tierra debe ser mantenida y su valor verificado con el equipo de medición adecuado.

Este ejemplo nos indica un valor de puesta a tierra de 22,5 ohm[2] En este ejemplo resulta obvio la necesidad de utilizar una protección diferencial.

El perito ante un siniestro en una masa electrificada deberá elevar al juez una explicación conceptual de la necesidad de la PAT de la masa y de la protección de accionamiento instantáneo que corresponda a su caso particular.

4) Ejemplo de determinación técnica del perito ante un siniestro derivado de una masa electrificada sin interruptor diferencial de circuito y con fusibles en cada columna (instalación habitual en argentina):

Tensión máxima de masa electrificada (AEA 90364 y ley 19587): **24 V**

1) Observar el calibre del fusible de accionamiento individual de la luminaria:

Supongamos que sea de calibre 6 A (a veces son de mayor valor).

2) Accionamiento instantáneo del fusible de 6 A:

---

2. Con este valor de PAT de 22,5 ohm y si se quiere garantizar la desconexión ante 24 V o más de la masa electrificada la protección asociada al circuito debería actuar en forma instantánea con una corriente de I ~ 24 V / 22,5 ohm ~ 1 A, valor es mucho menor al que puede operar un fusible del orden de 6 A (utilizado convencionalmente).

Aproximado de 3 x 6 A = **18 A**

3) Máximo valor de la PAT de la masa para garantizar despeje instantáneo de masa electrificada que adquiera 24 V o mayor:

24 V / 18 A ~ **1,4 ohm**

Si se observa la realidad de las PAT de las masas de las columnas de alumbrado público a mi entender ese valor máximo de PAT no se respeta, y sin interruptores diferenciales de circuito las cientos de miles de masas en argentina no cumplen las premisas básicas de seguridad eléctrica de despeje instantáneo de masa electrificada.

En la práctica las puestas a tierra no son controladas ni mantenidas y las puestas en tensión de las masas "supuestamente" protegidas con fusibles. No entiendo cuál es la concepción y verificación de seguridad eléctrica de masa electrificada con 24 Vca o mayor por medio de quien tiene a cargo esa seguridad.

La relación entre la puesta a tierra y la protección de falla a tierra es importante y el perito ante una electrocución originada desde una masa electrificada debe encontrar la razón por la cual esa masa electrificada permaneció con tensión sin ser desconectada en forma instantánea.

El menor costo y la ignorancia técnica han llevado a considerar que si la columna metálica o masa se pone a una PAT con un valor cualquiera no controlado ni mantenido y con un fusible en cada columna es suficiente "para cumplir".

Resulta obvio que si se utilizan cableados Clase II (IRAM 2178) y se cuida la ejecución de modo de "no lastimar" el cableado interno de la luminaria se puede suponer que ese cableado no originara una falla a masa y un posible contacto indirecto. Pero a veces se instalan cableados IRAM NM 247-3 que son de simple aislación y entonces por una incorrecta instalación o movimientos pueden originar una falla y un posible contacto indirecto por masa electrificada. También a veces se utilizan portalámparas de pésima calidad que pueden originar fallas a masa.

Un perito ante un siniestro por electrificación en una masa, por ejemplo en la vía pública, debe ser concreto en sus determinaciones técnicas y elevar al Juez que:

La seguridad eléctrica en las masas de la vía pública se logra con una PAT y con protecciones de detección y desconexión instantánea ante la puesta en tensión de la masa con 24 V o mayor. Un electrocutado merece que se diga la verdad.

El riesgo técnico de las masas electrificadas en el alumbrado publico

En argentina el alumbrado público está instalado mediante columnas y soportes que son masas y que "de alguna manera están puestos a tierra". Generalmente las municipalidades no utilizan interruptores diferenciales de ningún tipo

A mi entender no se verifica la relación entre el valor de puesta a tierra de las masas respecto del accionamiento de una protección de falla a tierra relacionada con el circuito eléctrico que alimenta los componentes eléctricos contenidos en esa masa. Entonces si la masa se electrifica con un valor de 24 V o mayor las protecciones (fusibles en cada columna) difícilmente operen y esa masa continuara electrificada y el riesgo no será despejado.

Se pueden observar masas en la vía pública que, por anarquía técnica, a veces se vinculan mediante cables metálicos a elementos metálicos ubicados en la vía pública (paradas de colectivos, carteles, cestos metálicos, etc.) En esta situación si la masa no dispone de desconexión instantánea de masa electrificada TODOS los elementos metálicos vinculados a esa masa también quedaran electrificados.

Luminarias Clase II

La seguridad eléctrica en las instalaciones de alumbrado público ya se ha analizado en los países desarrollados donde si una persona se electrocuta en una instalación de alumbrado público el hecho es gravísimo e implica responsabilidades a veces penales.

Como el tema implica una solución al contacto directo e indirecto algunos fabricantes líderes ofrecen soluciones tecnológicas para soportes de luminarias (masas) de modo de ofrecer el mejor estado de la técnica con:

- Caja de conexión y porta-fusible de Clase II <u>para montar en el interior</u> de columnas de alumbrado.

- Aislación Clase II

Caja Clase II	Caja Clase II "insertada" en columna metálica
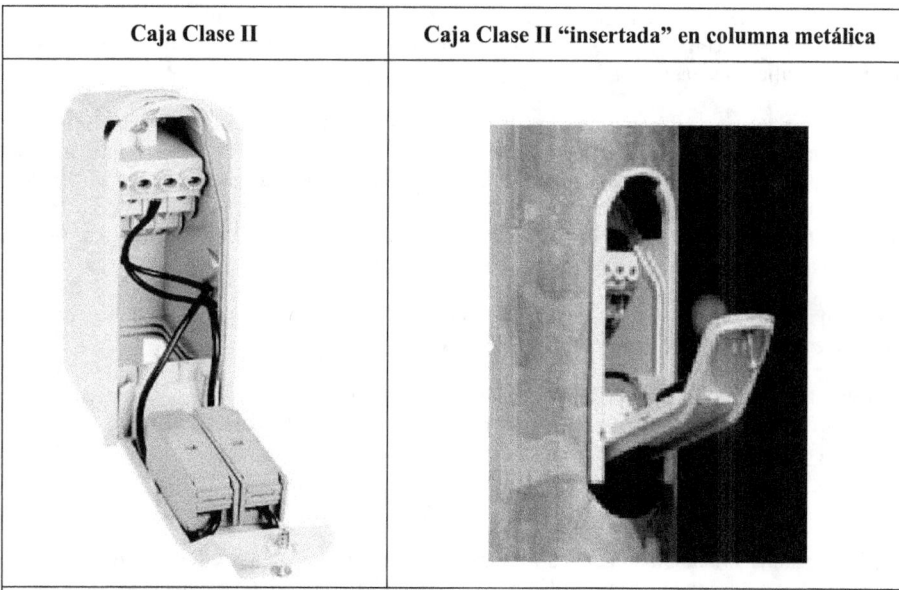	
La seguridad eléctrica de Clase II "al mejor estado de la técnica": Con caja de alojamiento de protección de sobrecarga de Clase II y tapa cerrada con llave específica; y con cableados Clase II se bloquea el contacto directo y se evita la masa electrificada (contacto indirecto).	

3.4. Verificación de las condiciones técnicas de seguridad y funcionalidad de un cartel luminoso con envolvente metálica (masa) alimentado con 220 V y ubicado en la vía pública

> Este informe me fue solicitado por una Empresa que necesitaba conocer si un cartel metálico de su propiedad ubicado en la vía publica tenia las necesarias condiciones de seguridad a contactos eléctricos. Esta seguridad no fue solicitada por la municipalidad, ni por la ED ni por ningún organismo de control; fue una iniciativa PROPIA de quien me contrato. El asunto no es un tema menor pues en este caso el cartel fue verificado, pero hay miles de carteles en la vía pública que no sabemos si son o no son seguros.

1. Envolvente y montaje del cartel

Es una envolvente metálica vinculada por soldadura a un soporte metálico vinculado a una fundación para lograr la rigidez del conjunto. Se puede considerar que el cartel "esta puesto a tierra naturalmente" y se necesitaba verificar que "la puesta a tierra natural" era adecuada para garantizar el accionamiento de un interruptor diferencial de corriente diferencial de 30 mA para garantizar el accionamiento instantáneo si las masas o partes metálicas eventualmente adquieran tensión de 24 V o mayor.

El Cartel está ubicado de modo accesible desde una vereda pública y dispone de una envolvente metálica que contiene todos los elementos de iluminación y conexiones de 220 V vinculados a un soporte metálico que queda en parte visible y en parte enterrado.

En lo técnico se trata de una instalación eléctrica de 220 V contenida en "una masa" que está naturalmente puesta a tierra

Como se trata de una masa puesta a la intemperie y componentes con tensión de 220 V y expuesta a un posible contacto eléctrico de personas BA1, BA2 o BA3 es importante desde el punto de vista de la seguridad eléctrica considerar la situación ante posibles contactos directos y/ o indirectos.

También se requería definir las condiciones técnicas del circuito seccional que alimenta el tablero seccional propio del cartel.

2. De la seguridad eléctrica que debe ofrecer el cartel

La AEA 90364 establece las condiciones que deben cumplir las protecciones asociadas al cartel para:

- Ofrecer el bloqueo a los contactos directos

- La desconexión a los contactos indirectos de forma preventiva e instantánea ante una masa electrificada que adquiera el valor de tensión de 24 V o mayor.

Contactos directos: En el cartel no se observan "partes vivas" accesibles inadvertidamente a personas BA1, BA2 y BA3 pues están cubiertas por la envolvente del cartel. Dispone de un tablero seccional con cerradura y llave que es operado por personas BA4 y BA5. Este tablero seccional es tipo IP44 (burletes) para bloquear el ingreso de humedad y/agua.

Contactos indirectos: Como toda la envolvente del cartel es metálica es necesario considerar la posibilidad de un contacto indirecto ante una puesta en tensión de la masa metálica del cartel.

De acuerdo a lo recomendado por AEA 90364 se debe instalar en el tablero seccional un dispositivo diferencial o interruptor diferencial (ID) de corriente asignada (en este caso de 40 A) y corriente diferencial 30 mA.

Más adelante se describe una prueba de funcionamiento del ID ante una falla de resistencia aproximada de 7,6 kohm de modo de considerar el accionamiento por medio de la PAT existente y la corriente diferencial del ID instalado de 30 mA.

El ID está reconocido en todo el mundo como el mejor y más fiable de los dispositivos de protección que se hayan desarrollado como medida de protección contra los contactos directos y/ o indirectos en el campo de la BT.

Las condiciones de seguridad que debe ofrecer un ID se especifican en las normas IEC y son parte de las características que ofrecen los ID normalizados.

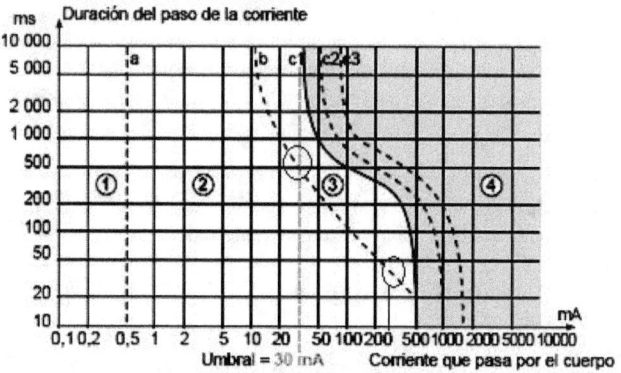

Del análisis de la IEC resulta la necesidad del valor de desconexión de 30 mA máximo (umbral de parálisis respiratoria) para los ID exigidos por AEA 90364 e IRAM 2301 o la norma IEC 61008.

Como se observa los valores de actuación de los ID normalizados deben responder a una curva de tiempo inverso con límites aproximados de 30 mA-500 ms y de 220mA- 40 ms.

Características de seguridad y calidad de los modelos de interruptor diferencial (ID)

- Debe garantizar una actuación independiente del valor de la tensión de la red o del circuito, a esta condición a veces se la denomina "seguridad intrínseca".

- La baja tensión o la interrupción de alguna de las fases o neutro no debe afectar el funcionamiento del ID en su condición de detectar y desconectar las corrientes de defecto para las cuales está diseñado.

- El cerrojo del ID debe ser de "disparador libre" lo que garantizará que el ID actuará por corriente de defecto aún con la palanca de accionamiento trabada exteriormente.

- Debe contar con bornes protegidos para evitar el contacto casual.

- Los mecanismos de disparo no deben requerir grasas ni aceites pues esos recursos pueden afectar el funcionamiento y la seguridad eléctrica que debe garantizar el ID.

El ID instalado Norma IEC cumple con las condiciones técnicas establecidas.

Condición de protección de sobrecarga y de protección del ID

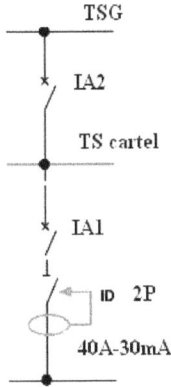

Existe:

- Un IA2 en la cabecera del circuito seccional de B16 A- 10 kA.

Definición	
Protección de sobrecarga en TSG IA2 de 16 A Unipolar de acceso a personas BA4 y BA5	

- Un IA1 en el tablero seccional del cartel de C16A – 6 kA que se utiliza a modo de corte para evitar tener que hacerlo en el origen del circuito seccional del cartel. El modelo de IA unipolar es correcto para operación por personas BA4 y BA5.

Definición	
Protección de sobrecarga en TS del cartel IA1 de 10 A Bipolar acceso a personas BA4 y BA5 con corte simultáneo de neutro.	

El cable del circuito seccional del cartel es de tipo IRAM 2178 y de 2 x 10 mm² es decir de Clase II por lo tanto no corresponde la instalación del un ID selectivo en la cabecera el circuito seccional para posibles contactos indirectos en el circuito seccional.

Se cumple con la condición de protección de sobrecargas en el circuito seccional y para el ID por medio del IA de 16A.

Condición de seccionamiento del ID

El ID y el IA instalados a modo de dispositivos de corte general del tablero del cartel son de modelo apto para el seccionamiento.

El fabricante que ofrezca esta condición debe garantizar que los dispositivos con los contactos abiertos "seccionen" es decir no permitan que una eventual sobretensión "aguas arriba" origine una descarga y un posible accidente en el circuito supuestamente sin tensión.

Condición de la PAT del cartel

Como el cartel está vinculado a una PAT lo importante es verificar que la PAT permita el acciona-miento del ID ante una supuesta puesta en tensión de la masa del cartel.

Mediante una prueba se puesta en tensión se verifican los valores de accionamiento del ID de 30 mA.

Determinación del valor máximo de PAT para el accionamiento seguro del ID de corriente diferen-cial de 30 mA ante masa electrificada de 24 Vca o mayor:

24 V / 720 ohm ~ 30 mA

Se verificó el accionamiento del ID con tensiones a tierra menores a 24 Vca

Nota: De hecho que la utilización del ID de corriente diferencial de 30 mA ha sido y es la mejor solución técnica para la desconexión de masas electrificadas pues con una PAT "natural" como en este caso se verifica la condición de seguridad eléctrica de la masa del cartel.

Definición	
Pruebas de accionamiento del ID de 40 A con Id 30 mA instalado en el TS del cartel	

Prueba de funcionamiento: Efectuada

3. Condiciones eléctricas

Cartel con envolvente metálica.

Tensión de circuitos de iluminación de 220V.

Corriente máxima limitada en el circuito seccional al cartel mediante IA en tablero seccional general destinado para circuito seccional del cartel.

Tablero seccional del cartel: Grado IP44 con cerradura.

Envolvente metálica del cartel PAT existente para la acción preventiva del interruptor diferencial.

4. Conclusiones.

Se ha verificado el cumplimiento de las condiciones de seguridad y funcionamiento establecidas en el marco de AEA 90364 expresada en los puntos de AEA 90364 punto 771.18 que establece que:

Las partes activas peligrosas no deberán ser accesibles y las masas eléctricas o partes conductoras expuestas o accesibles no deberán volverse activas peligrosas

   a)   Ni en condiciones normales (funcionando en la forma prevista o en ausencia de defecto).

   b)   Ni en las condiciones de defecto simple.

3.5. El espejo trágico de la sociedad argentina, 31-12- 2009

Algunos aspectos de un texto de Jorge Devincenzi

> Me parece importante recalcar algunos aspectos que el autor expresa mejor que yo y que desnuda el estado de indefensión de la sociedad en que vivimos. En el caso del incendio de Cromañón el autor expresa con una lógica implacable la figura de un estado ONG; un estado ausente que "hace como que hace".

La tragedia de *República Cromañón*, el local ubicado a metros de plaza Once, que hace cinco años se llevó la vida de dos centenares de jóvenes adolescentes de 21 años de promedio, aparece como el corolario inevitable de la degradación y privatización del espacio público de una sociedad desarticulada y un Estado ausente que fomenta la impunidad.

No fue un accidente con todas las condiciones de lo imprevisto. La conjunción de un espacio peligroso, y varios miles de adolescentes reunidos en el contexto de un Estado ausente fueron una asociación de circunstancias que preanunciaban ese resultado.

La justicia, que actuó con la morosidad habitual, repartió algunas responsabilidades penales y abrirá luego la vía civil de las indemnizaciones, de modo tal que el tema, recostado sobre varios de los pliegues más siniestros de nuestra sociedad, continuará presente entre nosotros. Durante años, en la Argentina se ha instaurado la conducta de que la ley está para no ser cumplida.

Lo "accidental" es un "síntoma grave que se presenta inopinadamente durante una enfermedad, sin ser de los que la caracterizan". Lo accidental de *República Cromañón* es admitir la posibilidad de que con el mismo escenario y actores, si no se hubiera prendido una bengala, si ésta hubiera caído al piso, si los equipos y medios existentes hubieran sofocado el fuego, si el público hubiera advertido que su juego era peligroso, las consecuencias habrían sido otras.

Desde 1976, la entonces municipalidad de Buenos Aires inició una paulatina privatización de los controles estatales sobre las nuevas construcciones y la habilitación de actividades económicas. Los permisos son otorgados tras una declaración jurada certificada por particulares y colegios profesionales.

Más allá de los alegatos, los discursos y las gestiones se revela un Estado de fantasía arrinconado en un papel secundario, amputado de funciones indelegables para preservar la vida y seguridad de los ciudadanos.

Una particularidad de esa ONG llamada Estado es que legisla para mediar entre los actores, y negocia su cumplimiento según el poder de esos actores para oponerse a las normas, ignorarlas, aceptarlas o transgredirlas, y no por el beneficio o perjuicio que produzca esa norma socialmente.

Ese Estado contrata como empleados a unas personas que se distinguen de otras por el título honorífico de "funcionarios", otro nombre de fantasía, y cuya actividad consiste en simular hacer cumplir las normas de acuerdo a sus posibilidades, interés, capacidad y opiniones, recibiendo para ello un salario de las arcas públicas. Los funcionarios son públicos, pero es como si lo "público" solo fuera un aspecto de lo privado, y actúan de modo tal que las normas vigente son indistintamente aplicables o no, es decir, de cumplimiento voluntario.

Con un local en condiciones, el incendio hubiera sido accidental, una fatalidad. La esencia o naturaleza de un local es ser un ámbito donde se realiza una actividad en condiciones normales, y si ese local es peligroso, la peligrosidad forma parte de su naturaleza. Nadie realizaría una actividad en un local a punto de derrumbarse, ni podría ser resarcido después de ser aplastado por un techo que amenazaba hundirse. La esencia o naturaleza del local de Once contenía la inseguridad, es decir, el suceso fue parte de esa esencia, de modo que mal podría calificárselo de accidental.

El diccionario quizás da la respuesta: "accidental es todo síntoma grave que se presenta inopinadamente durante una enfermedad". Es la enfermedad lo que se debe curar.

3.6. Proyecto educativo para electricistas

Nota publicada en el libro del Programa Nacional de Voluntariado Universitario del Ministerio de Educación Ciencia y Tecnología ISBN 978-950-00-0636-1 del 2007.

Encargado de proyecto Ing. Rubén R. Levy

Este Proyecto en realidad comenzó como una iniciativa social en la Ciudad de Villa Carlos Paz, Córdoba allá por el 2003 cuando después de la fenomenal crisis se comenzó a reflexionar sobre la necesidad de establecer una forma de capacitación para los denominados electricistas que como sabemos son trabajadores que históricamente quedaron fuera de un proyecto de país donde el concepto era "cerrar y no invertir en escuelas técnicas". Cuando se nos ofrece esta posibilidad de voluntariado desde el Ministerio de Educación de la Nación y se gestiona desde la Universidad Nacional de Córdoba y las autoridades municipales su desarrollo; se planifica un proyecto educativo que pudiera despertar el interés de los alumnos y los participantes de modo de no desalentar una iniciativa que debía ser conceptual y sin tecnicismos. De hecho que la preocupación de las autoridades municipales también se expresó en la necesidad de establecer un sistema seguro de ejecución de las instalaciones eléctricas en una Ciudad cuyos ingresos desde el turismo son fundamentales.

El desafío era importante pues los que nos formamos en la Universidad a veces no entendemos lo que significa para las personas que nunca tuvieron esa posibilidad el asistir a una actividad comandada por la universidad que en principio les inspira el lógico temor de pensar que no podrán integrar esa capacitación a su actividad diaria de sustento.

Con mucho cuidado y paciencia se comenzó a fines del 2006 la difusión de la actividad para lo cual se instaló el tema en la prensa local y se comenzó por medio de un organismo especifico de la Municipalidad la inscripción de los futuros asistentes; y por medio de la cátedra de la cual soy profesor titular ofrecer el tema a los futuros alumnos voluntarios, que dudaban de la utilidad de su participación en algo que pensaban les haría "perder el tiempo"

En este proceso se logró la participación de 80 asistentes y 10 voluntarios y también algunos técnicos y hasta docentes de escuelas donde "se hace algo por la educación técnica". También se contó con la activa participación de una organización de electricistas local de Villa Carlos Paz denominada EMCER y de comercios de electricidad que facilitaron los materiales de demostración de la forma de realizar los trabajos prácticos desde la cañería, cableado, tableros, etc. Así los motivamos en el conocimiento de reglas seguras para ejecutar los trabajos, conocimiento que les sirvió a los alumnos voluntarios que serán en el futuro los directores de obras. También se buscó integrar a los denominados electricistas con los voluntarios para buscar en lo posible la comprensión de la importancia de la seguridad y calidad de las instalaciones eléctricas; que sabemos en numerosos casos son peligrosas pues lo que prima es el costo que degrada tanto la concepción técnica de la instalación y los materiales que se utilizan y lleva a los electricistas a una explotación "del menor costo".

Los encuentros se realizaron en un auditorio facilitado por la Municipalidad y con horarios estrictos los martes y jueves de 21 a 24 hs y con el concepto de compromiso no solo de asistir sino de participar en las tareas comunes. En el caso de los alumnos voluntarios en algunos casos debieron elegir entre el seguir con sus clases normales de la Universidad y esta propuesta para lo que debían viajar a Carlos Paz (de hecho con los gastos pagos) y claro se les planteo el dilema de aceptar esta propuesta o sus clases. Este tipo de situación la debemos ver como un desafío pues ellos, nuestros alumnos, serán los futuros ingenieros que nuestro país necesitará y que debemos integrar con los trabajadores de las obras pues en las obras necesitamos ingenieros que sepan dirigirlas.

La idea que quisimos motivar es la conocida realidad de la incidencia de lo que la mediática denomina "lamentables accidentes" originados en las instalaciones eléctricas de viviendas, locales de pública concurrencia y otros lugares donde las personas quedan expuestas a daños y muertes por electrizaciones y electrocuciones que se puede demostrar son el final de una cadena de indiferencias y descontroles en no hacer cumplir las leyes en los proyectos técnicos con las conocidas "presiones del menor costo". También sabemos que en numerosos casos las Municipalidades no se comprometen en hacer cumplir y controlar con su poder de policía el ejercicio profesional en el caso de las instalaciones eléctricas. Discutir con los alumnos esta realidad no es un tema menor pues no debemos convertir a las universidades solo en un sistema de excelencia, que lo es, sino también ver la realidad del ejercicio profesional.

Es un hecho también que la estructura de formación universitaria es concreta en definir que un ingeniero es quien posee ese título; y en esa búsqueda a veces los alumnos cometen el error racional de pensar que cualquier apartamiento en esa búsqueda los hará demorar en sus profesionalización y allí se pierde la necesaria integración con quienes serán los destinatarios de su gestión profesional.

Diversas estadísticas no oficiales indican que los denominados "electricistas" componen en todo el país un grupo de una magnitud considerable y se puede asegurar que crece con los requerimientos y número de instalaciones eléctricas que cada día se ejecutan que son una oportunidad futura para trabajar en su mantenimiento además de su construcción.

Es interesante analizar las sensaciones que una población como la de Villa Carlos Paz (que no en esto diferente a otras de Argentina) recibe estas iniciativas donde un grupo cada vez más numeroso de electricistas conforman una organización sin fines de lucro y se capacitan e integran para dar un mejor servicio. La tarea no le es fácil pues en numerosos casos los ciudadanos conciben a las instalaciones eléctricas con la variante del menos costo y que "la luz se prenda"; y establecer reglas y costos dignos no forma parte de la cultura habitual. Así las cosas en los países desarrollados no se acepta que el ciudadano elija la calidad de su instalación pues eso conduce a instalaciones eléctricas peligrosas y entonces las Municipalidades y/o el Estado se ocupan de regular los proyectos y el ejercicio de las profesiones que intervienen.

Los miembros de la organización de electricistas EMCER que colaboró en esta proyecto lo hizo en el entendimiento de convocar a sus colegas del curso a participar en una organización que es de ellos; situación que no es fácil pues es natural en los humanos pensar que convocar a la competencia es "avivar a los que no saben".

En la medida en que el estado en sus diversas formas exija el cumplimiento de las reglas para las instalaciones eléctricas de inmuebles será más natural que los electricistas se agrupen para el conocimiento y el autoconocimiento superando la situación actual donde una técnica como la electricidad es ejercida por el albañil de la obra.

Creemos que el proyecto facilitó el intercambio de saberes técnicos entre los alumnos Voluntarios Universitarios de ingeniería y los electricistas que después trabajarán en las obras de los futuros ingenieros. Como resultado de este proceso, fue interesante analizar las formas de trabajo y se visitar obras de modo de motivar a los participantes en concebir instalaciones eléctricas seguras con el esfuerzo de todos.

Los que hemos tenido la oportunidad de una educación formal nos sentimos obligados a trasladar los beneficios de esa educación a los ciudadanos que reciben esas instalaciones y nada saben de Reglamentaciones y Normas de instalaciones eléctricas; pero sufren las consecuencias de la desidia y la falta de control.

Este es un tema de suma importancia, pues debemos fomentar que lo que se enseñe lo sea en base a las Reglamentaciones que forman parte de las leyes nacionales para la seguridad pública. En ese sentido no dudamos en tomar a la Reglamentación de Instalaciones Eléctricas de inmuebles la Asociación Electrotécnica Argentina (AEA 90364) como documento técnico de trabajo.

Con solo la Reglamentación no era posible dejar "nuestras huellas en los alumnos y participantes" y por ello se le entrego a cada participante y voluntarios, entre otras cosas, un libro técnico registrado denominado "Diseño, Proyecto y Montaje de Instalaciones Eléctricas Seguras" que está concebido con un fin de enseñar conceptos y en lo posible sin tecnicismos; pues de que vale que llevemos el tema a los tecnicismos cuando las instalaciones en Argentina en su mayoría las realizan quienes no tienen una formación técnica documentada por el Estado.

3.7 Los electrocutados de la desidia (respecto de una noticia)

Las horribles electrocuciones por la caída y "no desconexión" de los cables desnudos de una línea de MT (en argentina trasportan energía a 13,2 kV) de cables desnudos y de zona urbana con tres muertos por electrocución me lleva a comentar algunos aspectos técnicos del tema de la seguridad eléctrica de las líneas de MT de cables desnudos que en argentina recorren miles de kilómetros en las veredas de las ciudades.

La línea de MT que originó el siniestro está instalada con conductores desnudos en zona urbana y en este caso con varios empalmes, que en lo técnico se convierten en inaceptables pues se altera el tiro máximo[3] original de la línea y se exponen a los cables a esfuerzos puntuales.

En los conceptual las líneas de MT como la del hecho " son o deberían ser más seguras que las de BT (ver más adelante) urbanas" pues poseen o deberían poseer una protección de cabecera con detección y desconexión por fallas a tierra, que en lo técnico es asegurar[4] "al estado de la técnica" la mejor protección posible al contacto indirecto. Las líneas de MT tienen o deberían tener las PAT en los soportes de Hº Aº y en algunas partes metálicas de la línea para asegurar que si esos soportes o partes metálicas toman tensión la protección de falla a tierra desconecte la línea.

El diseño de la red eléctrica de MT que origino las muertes debe incorporar obligatoriamente, por una elemental condición técnica, la protección de línea correspondiente de falla a tierra que debe actuar y despejar la falla por ejemplo o si un cable cae al suelo y el circuito de falla se cierra por la PAT del neutro del transformador. No es aceptable que una línea de MT no disponga de las protecciones que la técnica actual aconseja, es decir con detección de sobrecargas y de fallas a tierra.

Como la tensión de fase es del orden de 7630 V y como normalmente el ajuste de la detección de corriente a tierra es del orden de 10 A, con una PAT mediocre[5] (cable en el suelo) la protección de falla a tierra debe actuar.

El día del siniestro estaba el suelo inundado y el cable quedo sumergido y energizado hasta que (como se mencionó) lo desconectó el personal de la ED pues no se desconectó por protecciones. El lector sabrá interpretar la irracionalidad del asunto.

De hecho que si el cable energizado se corta toca y justo toca a una persona el riesgo existe pues las protecciones de la línea de MT no tienen los tiempos exigidos para la seguridad eléctrica que brindan, por ejemplo, los interruptores diferenciales.

Entonces se debe investigar, imputar y procesar a los responsables de:

¿Existía la protección de falla a tierra?

¿Existía y funcionaba?

¿Estaba puenteada?

---

3. El tiro máximo o tensión en los cables se establece desde las ET de las ED y un empalme altera ese tiro máximo establecido desde el proyecto con cables enteros.

4. Si un cable desnudo de una línea de MT cae al suelo en el orden de algunos segundos la protección de la línea la desconectará. Pero si el cable desnudo cae sobre una persona, animal o bien originará un daño importante pues la energía previa a la desconexión de segundos es destructiva.

5. Por ejemplo aplicada la tensión de 7.630 V y con una PAT de 763 ohm se origina una corriente de 7.630 V / 763 ohm = 10 A

¿Estaba trabada?

¿O NO estaba?

Este asunto se debe investigar el tablero de protecciones y antes que lo alteren.

Comentario sobre las líneas de BT (380V / 220 V) de las ED

Las redes de BT están conectadas con cargas asimétricas de los clientes y expuestas a fallas a tierra dentro de los domicilios de los clientes, entonces existe una imposibilidad técnica de instalar protecciones que tengan la necesaria sensibilidad para detectar la caída de cables o las fallas. En argentina son protegidas por fusibles que no disponen de la aptitud de despejar las fallas a tierra y si la Empresa de Distribución (ED) dispusiera de una protección sensible sería imposible garantizar la funcionalidad. Modernamente la solución al estado de la técnica se logra mediante líneas de BT con aislación plena de tipo preensamblado o de cables subterráneos pues las líneas de BT de cables desnudos son peligrosas pues no pueden disponer de protecciones de fallas a tierra, entre otros inconvenientes que escapan al contenido de este libro.

En muchas ED dependientes del poder político se ha perdido la carrera profesional y la ingeniería no existe a nivel de decisión y en general son un antro político de burócratas: Eso sí, tienen un vocero oficial que informa "que dice lo que se supone necesita decirse para que todo siga igual y nadie se dé cuenta que los que la dirigen son burócratas".

De las protecciones de cada tipo de línea de su concepción, verificación y mantenimiento ¿Quién se ocupa?

Me indigna la poca cultura técnica que hay en argentina para cuidar a los que mantienen en sistema democrático que somos todos nosotros, incluidas las victimas que no tienen idea de que un cable energizado puede estar bajo el agua donde cruzan. A todas luces si esto es lo que paso según la información mediática yo creo que algunos funcionarios "no comprenden la criminalidad de sus actos".

Espero con esperanza que todo sea para mejorar y que no tapemos con tierra estas cuestiones.

3.8. La seguridad eléctrica, el estado de derecho y las estadísticas

En oportunidad de una Conexpo en Córdoba se volvió sobre la temática de las seguridad en las instalaciones eléctricas, pues muchos entendemos la necesidad de insistir e insistir en que se cumplan las leyes y las Normas que son cuestiones nunca resuelta al menos en una gran mayoría de este nuestro país Federal.

Porque digo Federal, porque el camino para iniciar el tema de la seguridad en las instalaciones eléctricas (del medidor de energía "aguas abajo") hace suponer que debemos andar y andar los vericuetos de cada Municipio de Argentina pues las autonomías ejercen el denominado poder de policía y habilitación de las instalaciones eléctricas de exclusiva incumbencia Municipal. Esto resume sin tecnicismos el sistema administrativo para cumplir y hacer cumplir las leyes por medio de las autoridades de aplicación.

No es la Argentina el mejor ejemplo de aplicación de las leyes del estado, y la historia nos dice que se ha tenido que gestionar y gestionar sin mucho resultado variadas iniciativas en el poder legislativo de los consejos deliberantes municipales pues somos los ciudadanos los que debemos proponer y exigir que se cumplan las leyes, liberando a nuestros representantes de esa obligación, situación que me parece totalmente impresentable.

Pero el lector dirá ¿a qué estado de derecho nos referimos?

En argentina el sistema de instalaciones eléctricas esta "desregulado" es decir sin reglas, normas ni responsabilidades. Las autoridades de aplicación no se consideran involucradas y hasta alegan no conocer o no saber de qué se está hablando pues dicen que son "temas técnicos" y entonces es un "no hacer" de consecuencias pavorosas en nuestra población.

Veamos un cuadro básico:

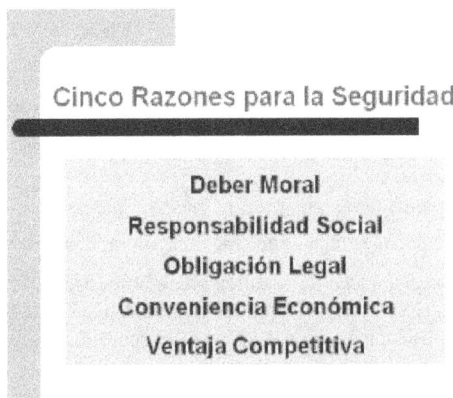

Es necesario explicar lo que dice el cuadro, ¿hace falta alguna estadística para cumplir estas elementales razones, entre muchas otras…?

En Argentina a ¿quién podemos recurrir para que acepte estas explicaciones?

¿Y que hicimos los ciudadanos?:

Numerosas veces partimos con la propuesta "para que se cumpla la ley" a llevar propuestas y vaya si lo hemos hecho.

¿Y a quién?:

Claro a los consejales y de allí a los bomberos ¡ellos sí saben que pasa!

Y conseguimos documentación estadística de cortocircuitos, electrocutados, incendios; y con este material "estadístico" fuimos a la autoridad esperanzados en que entenderá lo que proponemos y seriamos reconocidos en nuestra acción republicana.

Eso lo hemos hecho años y años, ¿y que paso?: Casi nada

No se pudo resolver pues las mayorías o las minorías no acordaron, no trataron o no encontraron la forma de resolver la propuesta y allí quedo en una pila de material descartable.

El estado de derecho ¿es una acción o una elección?, las leyes ¿son obligaciones u opciones?

Estas preguntas y sus respuestas son importantes, pues los ciudadanos debemos saber a la hora de participar si nuestras propuestas de cumplimiento de leyes serán no solo escuchadas, y lo que más importa si serán respetadas.

Pero volvamos a la famosa "estadística" que me parece merece una reflexión especial, pues es un material muy solicitado a la hora de estas presentaciones para impulsar regulaciones en instalaciones eléctricas.

¿Porque es tan importante la estadística?

Para verlo de otro punto de vista:

¿Se piden acaso estadísticas de muertos, heridos o enfermos para controlar la fabricación de remedios o alimentos?: No. Porque se entiende que el control en esos casos es absoluto para garantizar la seguridad pública.

Podríamos seguir pero no perdamos tiempo en esto vamos a lo que importa ¿es posible que alguien pide una estadística para justificar que se cumpla una ley o un conjunto de leyes para garantizar la seguridad pública de las instalaciones eléctricas?

¿Existen ejemplos positivos de generación de leyes y garantía de su cumplimiento?

Si, lo establecido en España desde hace décadas (extracto de lo publicado en Internet).

Explica que en toda **España existe un** sistema estatal que impone un reglamento de instalaciones eléctricas.

Menciona el anterior Reglamento electrotécnico aprobado en 1973 y la necesidad de avance en materia de reglas técnicas e instrucciones complementarias.

Menciona que «los reglamentos de seguridad de ámbito estatal se aprobarán por el Gobierno de la Nación, sin perjuicio de que las Comunidades Autónomas, con competencia legislativa puedan introducir requisitos adicionales sobre las mismas materias cuando se trate de instalaciones radicadas en su territorio».

El Reglamento se aprueba mediante Real Decreto.

El Reglamento **remite a normas**, en la medida que se trate de prescripciones de carácter eminentemente técnico y, especialmente, características de los materiales. Dado que dichas normas proceden en su mayor parte de las normas europeas EN e internacionales CEI, se consigue rápidamente disponer de soluciones técnicas en sintonía con lo aplicado en los países más avanzados y que reflejan un alto grado de consenso en el sector.

Se definen **las figuras de los instaladores y empresas autorizadas**, teniendo en cuenta las distintas formaciones docentes y experiencias obtenidas en este campo. Se establece una categoría básica, para la realización de las instalaciones eléctricas más comunes, y una categoría especialista, con varias modalidades, atendiendo a las instalaciones que presentan peculiaridades relevantes.

Se establece **un cuadro de inspecciones** por organismos de control, en el caso de instalaciones cuya seguridad ofrece particular relevancia, sin obviar que los titulares de las mismas deben mantenerlas en buen estado.

Se encarga al centro directivo competente en materia de seguridad industrial del **Ministerio de Ciencia y Tecnología la elaboración de una guía**, como ayuda a los distintos agentes afectados para la mejor comprensión de las prescripciones reglamentarias.

Se aprueba el Reglamento electrotécnico para baja tensión y sus instrucciones técnicas complementarias por Real Decreto.

El Reglamento electrotécnico para baja tensión, adjunto al presente Real Decreto, entrará en vigor, con carácter obligatorio, para todas las instalaciones contempladas en su ámbito de aplicación, al año de su publicación en el «Boletín Oficial del Estado».

Es decir en apretada síntesis:

En España es un sistema nacional, se aprueba por Real Decreto, remite a normas, establece figuras de instaladores, crea mecanismos de inspección y crea boletines oficiales de interpretación. **En ningún momento justifica su acción por estadísticas.**

Es sabido que las instalaciones eléctricas ineficientes, además de ser peligrosas, consumen más energía que las normalizadas y también sabemos que la energía es un bien que debemos preservar (sobre todo en Argentina) y que también hay leyes que establecen la necesidad de hacerlo, leyes que deberían ser motivo de preocupación de "los que nos piden estadísticas".

La experiencia en Argentina dice que, "mientras todo funcione", nadie se preocupa de la seguridad eléctrica ni de la eficiencia energética.

Con referencia a los ciudadanos y la administración la posición ha variado. Antes de Cromañon todo transitaba por vericuetos administrativos y la medida de una instalación era el precio que incluía "la gestión" municipal. Después de Cromañon todo se complicó y ahora "la gestión" exige lo que antes eran las mismas exigencias evidenciándose que antes no se cumplían las leyes y ahora dicen que se deben cumplir. ¿Ud cree que se cumplen?

La pregunta es ¿qué cambió después de Cromañon?; que tenemos más respeto o que tenemos más miedo.

La respuesta se dilucidara en próximo incendio, pues cuando se diga que fue un **lamentable cortocircuito todos sabremos que el sistema es mismo y los siniestros "serán solo accidentes"**.

3.9. La cultura técnica y la ignorancia funcional

Artículo del Ing. Rubén Roberto LEVY respecto del rechazo de uno de sus libros técnicos en la Feria del libro 2009 de la Ciudad de Córdoba

AVISO DE LA FERIA DEL LIBRO EN CORDOBA

La promoción del libro, la lectura, el trabajo creativo de cada autor, el vínculo directo con los lectores, la apuesta de los editores, la exposición y la venta de títulos, las conferencias, los seminarios, la libre circulación de ideas, los debates, las polémicas, el entusiasmo, la educación y el arte, todo esto junto y en apariencia mezclado, son los ingredientes fundamentales que desde 1986 se conjugan para que cada año, durante el mes de septiembre, sobre las arterias que rodean a la Plaza San Martín, florezca la Feria del Libro Córdoba.

EL LIBRO TECNICO

Fomenta la libertad y posibilita que el ser humano, al conocer las relaciones del mundo natural y del mundo social pueda realmente construir su propio modelo de vida.

En oportunidad de la feria del Libro 2009 de la Ciudad de Córdoba y dado que el editor de mis libros técnicos es un participante de la Feria con un stand que paga puntualmente, y como mis libros técnico afortunadamente son valorados y adquiridos por quienes me conocen en mis actividad; me pareció importante presentarlo en uno de los actos formales que la Feria tiene establecido para todos los autores que presentan libros de todo tipo.

Previo a haber cumplido todos los requisitos exigidos para tener una oportunidad de presentarlo en mi Córdoba natal, la propuesta de presentarlo **fue rechazada** oficialmente con el argumento que el libro técnico **"no cumple con los fines culturales de la Feria".** Por lo menos eso me dijeron y me devolvieron amablemente el libro y la correspondiente carpeta de presentación donde proponía una presentación de las tantas que existieron en la Feria.

Después de masticarme la bronca comencé a pensar, que siempre es sano y saludable, aunque los otros, "los ignorantes funcionales", no piensen.

¿Será la Cultura algo cerrado que solo comprenden los burócratas de turno que separan la Cultura Técnica de las otras Culturas?

La expresión Cultura Técnica puede tener dos acepciones. Por una parte puede referirse al conjunto de técnicas (como conocimientos prácticos) que dispone un determinado grupo social (la técnica forma parte de la cultura); por otra puede referirse a un conjunto de rasgos culturales (representaciones, reglas y valores) relacionados con las técnicas.

¿Y en esto que tendrán que ver los libros técnicos?

Sabemos que el desarrollo de técnicas lleva a las **configuraciones culturales** de las sociedades y que hay una cierta coherencia entre **las tecnologías que una sociedad es capaz de crear** o de asimilar y el resto de los rasgos culturales que caracterizan a esa sociedad.

En cuanto a las configuraciones culturales, pienso que si preparamos a los ciudadanos a trabajar mejor y ser mejores técnicos y al menos algunos no tendrán que **"pedir limosna o dormir" en la misma puerta del Cabildo donde se desarrolla la citada Feria del Libro que se dice "puramente" Cultural.**

También se entiende por **técnica un conjunto de habilidades y conocimientos que sirven para resolver problemas prácticos que hacen que los individuos funcionen en una sociedad competitiva donde la tecnología impone el ritmo.**

Entender esto me diferencia como autor de libros técnicos hacia quienes ignoran su importancia.

Por **tecnología** se entiende un conjunto de conocimientos de base científica que permiten describir, explicar, diseñar y aplicar soluciones técnicas a problemas prácticos de forma sistemática y racional.

De hecho eso la saben quiénes leen y aplican mis libros "para salir adelante" en esta Argentina que no hace mucho se dedicó a cerrar las Escuelas técnicas" con el argumento **"que es lo mismo producir caramelos que aviones"**

Es obvio que en el mundo que vivimos las técnicas que la sociedad derrama hacia sus ciudadanos resuelve en parte la conocida ecuación **"el que menos sabe es más explotado".**

Las técnicas son formas de conocimiento que se puede aprender y transmitir a través de diferentes procesos de aprendizaje, como se transmite cualquier información cultural. En este caso me parece que si al sujeto **"no le enseñamos a pescar"** no creo que disfrute de la poesía o de la literatura.

> **En definitiva ser ignorante de la importancia de la Cultura Técnica es una ignorancia más y eso se resuelve como con cualquier ignorancia; con menos funcionarios ignorantes y más libros técnicos.**

3.10. El inquietante asunto de los calefones eléctricos

Es un equipo que requiere energía (por medio de una resistencia sumergida en agua) y normalmente se ubica en una zona de ducha o de una bañadera. Por el criterio técnico básico de seguridad eléctrica establece estos equipos deberían disponer de una conexión garantizada por la Res. 92/98 y por medio de ficha 2P o 2P + T según la cubierta del mismo. Si se trata de una masa la conexión debería ser por medio de 2P + T.

Si un calefón eléctrico es una masa existe la posibilidad de contacto indirecto y entonces requiere de una PAT que se vincule a la seguridad preventiva del interruptor diferencial.

¿Existe algún contacto más directo con el peligro que el de una persona desnuda y descalza bajo un chorro de agua y en contacto con la electricidad? Siendo el agua conductora y estando las resistencias sumergidas el peligro es evidente.

Hay modelos de calefones de tipo "tachitos de acumulación" donde se he observado que el fabricante indica que se debe colocar un prolongador para la conexión eléctrica. Este concepto de conexión es irracional del punto de vista de la seguridad eléctrica pues no cumple el bloqueo IPX5[6].

Revisemos algunos puntos del asunto:

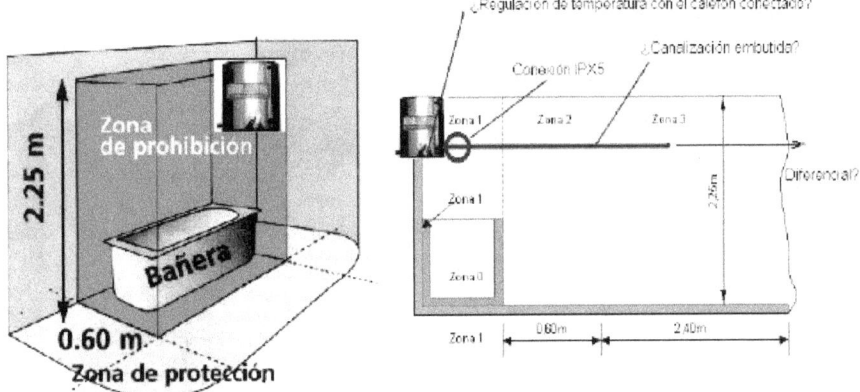

¿Esta embutida la canalización del equipo?

¿La conexión es de grado IPX5?

¿Tiene una regulación de temperatura accesible desde la ubicación de cuerpo mojado?

¿Es apto para la protección diferencial de 30 mA?

De hecho que estos equipos deberían, además de otras condiciones, poseer un cable de conexión propio y de las características que establezca el fabricante del mismo y la certificación respectiva de la Res 92/98. Se dice que el peligro se reduce ya que primero se calienta el agua luego se desconecta el prolongador (vaya a saber en qué zona del baño) y después se toma la ducha pero...

He visto anuncios donde dice "éste calefón es compatible con los disyuntores", lo que significa que existen otros que directamente lo harían actuar en condiciones normales de funcionamiento y por lo tanto

"si lo va a instalar quite el interruptor diferencial pues de lo contrario salta por cualquier cosa; que viene a ser como una invitación a una electrocución segura."

Consultando la versión de la AEA 701 de baños editada en el 2006 se observa lo siguiente:

El calefón se puede utilizar en la zona 1 si cumple con las Normas específicas (que creo no existen en el caso de las IRAM) y que estos equipos deben poseer el grado IPX5 (donde el 5 se refiere a un ensayo de chorro de agua en todas direcciones para su aptitud en la zona donde se supone se utiliza).

El ensayo del chorro de agua y el grado IPX5 no figura en ninguno de los modelos que he tratado de conocer.

> **Revisemos algunos consejos básicos**

---

6. El tipo de bloqueo de un equipo esta codificado dentro del campo de la técnica. En este caso el numero 5 indica que el equipo debe estar diseñado para el bloqueo a chorros de agua. Por supuesto que los modelos de calefones comerciales no poseen esa condición ni desde lo que conozco nadie se ocupa que la tengan.

> Nunca utilice artefactos eléctricos en lugares húmedos.
>
> Nunca conecte un aparato eléctrico cuando está tomando un baño.
>
> No toque partes metálicas de aparatos eléctricos con las manos mojadas o descalzo.
>
> Si utiliza una la ducha eléctrica, no toque la llave que regula la temperatura si usted está mojado. Si necesita hacerlo, apáguela primero.

Entiendo que el calefón debería cumplir la Res 92/98, pero hay algo de la realidad que tratare de explicar:

Los calefones; como otros productos para instalaciones eléctricas, caños corrugados naranja, interruptores automáticos (de acción termomagnética) unipolares, conductor bicolor de 1,5 mm^2, etc; se comercializan libremente pues supongo que los que los venden entienden que el que los compra conoce sus condicionamientos. El estado que tiene a su cargo el control, que yo sepa, no exige poner en el calefón eléctrico que no cumple las exigencias de la Res 92/98 una leyenda que diga "no apto para las instalaciones eléctricas de inmuebles".

¿El instalador como queda en el asunto?

Si conecta un calefón y no verifica el grado IPX5 y que la conexión se concrete fuera de la zona 1 es responsable de esa instalación con mayor evidencia que el que lo vendió, que según mi criterio, queda menos expuesto a la demanda.

Existen modelos con una especie de llave de comando de temperatura que de alguna manera establece resistencias diferentes para lograr mayor o menor temperatura del agua donde están sumergidas las resistencias.

Pero esa llave de operación ¿dónde está respecto a la zona 1 de un baño donde no se pueden ubicar comandos de artefactos eléctricos?

La AEA indica en un esquema una ducha prefabricada con una puerta corrediza que se integra a la zona 0 y la convierte en zona 1 e indica que no se pueda accionar fácilmente (60 cm) un dispositivo ubicado en la zona 2. Es decir que establece tácitamente que en la zona 1 no se pueden colocar un accionamiento de un calefón eléctrico.

Pero la AEA da a entender que si la distancia se cumple se puede ubicar un accionamiento en zona 2.

Pero según he observado no se ofrecen los calefones indicando la distancia de su conexión.

Finalmente me queda claro que no se debe instalar ningún aparato eléctrico en la zona de la ducha y mucho menos si su modo de funcionamiento es durante la misma.

En definitiva los ingenieros estudiamos las cosas pero no somos magos. La AEA establece la zona de exclusión de los calefones eléctricos y deriva el asunto al IRAM, los comerciantes le derivan el asunto al instalador y Lealtad comercial no hace aplicar la Res 92/98 para un artefacto que se utiliza en zonas donde el cuerpo humano está más expuesto a las electrocuciones.

Pero yo me remito al Código Civil que establece la responsabilidad de los actos.

En esta realidad propongo a modo de colaboración ventilar estos asuntos para tratar de mejorar la sociedad que me dio la posibilidad de opinar desde una formación técnica.

3.11. La humillación eléctrica

La falta de suministro eléctrico durante varias semanas en la Provincia de Córdoba donde se cortó cada día la energía durante varias horas y a cientos de miles de clientes sometió a los habitantes de la provincia de una de las mayores crisis de suministro eléctrico que yo recuerde.

Se dijo que se trató de una salida de servicio en un transformador de potencia de 300 MW que vincula el sistema Nacional con el sistema provincial de 132 kV. Como no existen reservas de generación propia para suplir el déficit, ni trasformadores de reserva la única forma que quedo fue la de implementar un sistema de cortes del faltante (del orden del 25% del total de lo que necesita la Provincia de Córdoba). Así cada día de interminables días cada ciudadano, cada comerciante, cada industrial sabía que inexorablemente recibiría el humillante apagón en sus instalaciones por horas y en medio de un pleno verano sin energía eléctrica.

En definitiva es lo de siempre, "los ciudadanos nada saben de energía pero sufren sus consecuencias"

Por ejemplo las económicas. Si se calcula que quedaron 1,5 millones de ciudadanos afectados y con una estimación conservadora de 10 millones de pesos por día de perdida de actividad económica, bienes, turismo local, etc. resultaría una suma cuantiosa difícilmente se reconocerá en su totalidad a los ciudadanos pues parece que nadie tiene la culpa, ¿será que la culpa es del transformador?

Si una Empresa de Suministro Eléctrico (que debe planificar 20 años para adelante) sabe del crecimiento de la demanda del 5 % anual entonces sabe que debe cubrir el crecimiento y entonces ¿porque un déficit del 25% produjo el colapso? La gente sabe que no se planifico.

Todos sabemos que la demanda crece, ¡!!!Menos los que tienen que saberlo!!! .

Entonces debimos escuchar cosas rarísimas del asunto por parte de los directivos, por ejemplo:

"Nos sorprendió y no pensábamos que íbamos a tener esta situación". Los sorprendió que? Lo raro desde el punto de vista técnico es que no nos pasara antes, a lo mejor suponen que un transformador es una máquina perfecta.

"Si esto hubiera sucedido de acá a tres meses el problema se hubiera superado" pues según dicen se está repotenciando una central eléctrica que si hubiera estado (pero no está) podría haber asumido la potencia que no entregó el famoso transformador. Y es como decir si el tipo no se hubiera muerto estaría vivo, pero está muerto como el transformador que se murió antes, ¿antes de que?

¡También se dijo que como los cortes son a la misma hora la gente se acostumbra! ¿Será que uno se acostumbra a vivir en la Edad Media?

Esta Córdoba que se dice de las luces, se transformó en una especie de Ciudad Medieval y además de la indignación creciente de gente atrapada en ascensores, de escaleras interminables en miles de edificios, de medicamentos y alimentos sin su cadena de frío apareció la muerte de los semáforos y allí andaban los inspectores humanos tratando de ordenar un tránsito caótico.

Además debo advertir que las redes entre tanto corte y energización se han envejecido en un orden desconocido, así que no sería raro que en adelante aumenten las tasas de fallas.

Lo interesante del asunto es que la gente se empezó a dar cuenta que era la victima final; no hay energía nos decían Y HAY QUE CORTAR. Lo que no decían es que hicieron en estos años donde el consumo aumentaba, las redes se sobrecargaban y el transformador que es una máquina que esta o estuvo protegida (vaya a saber) dicen que aviso (alarmas de sobrecarga) hasta que se produjo lo que me decía un magnifico profesor:

"contra la naturaleza de las cosas, los discursos nada pueden"

Los detalles del episodio se han repetido tanto que nada agrega volver sobre ellos. Es más interesante ir a algunos fondos de la cuestión.

La energía al ser un producto técnico que no entienden ni lo conocen quienes no tienen la formación técnica para hacerlo. En el mundo civilizado este tipo de Empresas están manejadas por profesionales de carrera y por estos lados ya sabemos que es parte del botín político de turno.

Por ejemplo si el esquema decidido es comprar la mitad de la energía que necesito y no tengo máquinas para suplir el faltante, ni tengo reservas de transformadores, ni controlo el sistema donde el consumo que crece cada año ni direcciono el dinero que por ley se les cobra a los clientes para la repotenciación del sistema:

¿La solución será ignorar los avisos de sobrecarga del transformador?

¿Un transformador cuando se deteriora?

¿Cuánto dura si lo sobrecargo?

¿Y las protecciones de sobrecarga que hicieron, las tocaron o qué?

Lo "accidental" es un "argumento que se esgrime pare eludir lo que responde a un orden técnico". Si indagamos en las razones de la salida de servicio del transformador aprenderemos y cambiaremos las actitudes y si no lo hacemos esperaremos la próxima tragedia.

Es que por estos lados tenemos la enfermedad de creer que se puede manejar lo técnico desde lo político y entonces después se dirá cualquier cosa menos la verdad.

La verdad no es buena ni mala; es la naturaleza de las cosas.

3.12. Si la calidad de las instalaciones eléctricas dependen "del contador" nunca serán seguras.

Vivimos en un período de agitación en la que economía parece ser la guía de los comportamientos humanos.

En una reunión organizada en Córdoba surgió una vez más el tema del "porqué si sabemos que muchos productos que se utilizan no son aceptables como garantía de seguridad en las instalaciones de inmuebles" se siguen fabricando, vendiendo y utilizando como si nadie supiera ni entendiera que son peligrosos (caños corrugados interruptores automáticos unipolares, conductores de cobre reciclado, cables tipo taller en instalaciones fijas, cajas sintéticas de pésima calidad, interruptores automáticos de clase desconocida, etc.).

El tema de la comercialización de materiales y dispositivos peligrosos siempre genera enojos y ásperas discusiones y los instaladores se quejan airadamente de la falta de control. Es como si los argentinos entendiéramos que el control los deben hacer todos menos nosotros mismos.

Así descansamos en la dulce espera para que "la Municipalidad, el Ente, el Departamento de Lealtad Comercial, la Cámara de lo que sea" controle confisque, etc.; pero mientras tanto seguimos comprando, vendiendo e instalando porquerías envenenadas, pues claro, debemos trabajar y el tema desde nosotros no tiene solución.

Desde que recibí mi título profesional en una universidad pública y juré cumplir la ley; aparte de hacerme cargo de ese juramento, me pareció entender que no debía trabajar ni intervenir en proyectos o instalaciones eléctricas donde la calidad técnica "la decida el contador" Es decir, si es el contador el que decide sobre materiales e instalaciones lo más probable es que las instalaciones sean peligrosas, sobre todo las de inmuebles que están destinadas a personas que no conocen de riesgos pero sufren sus consecuencias.

La instalación eléctrica desde que tengo memoria fue un tema degradado.

La mediática poco ayuda cuando califica a las electrocuciones e incendios como un "desgraciado accidente", cuando sabemos que la mayoría de esas muertes e incendios provienen de comportamientos delictivos (quizás inconscientes) que son muchas veces motivadas por "supuestos profesionales" que en su soberbia no son capaces de reconocer que no están preparados para proyectar y menos para dirigir instalaciones incorporadas a edificaciones, pero lo hacen pues prima el lucro por sobre la ética y la moral.

Desde la revolución francesa, donde se proclamó la igualdad de derechos, existen personas, hombres y mujeres que llevan en su carga la responsabilidad y la ética de cualquier país.

Desde este comportamiento, quizás minoritario, entiendo que los instaladores no deberían realizar la mano de obra a quienes solo les importa el precio, pues seguramente les impondrán materiales "envenenados" y comparativas de precios de mano de obra "respecto del albañil" situación que lleva a tal degradación de la instalación que el instalador será cada vez más pobre además de quedar expuesto a una carrera donde "le pagaran cada vez menos".

Sabemos que se nos concede la personalidad jurídica desde el momento de nuestro nacimiento por medio de "derechos y deberes". Nuestra vida se rige por diferentes pasos que hacen que pasemos por distintas etapas en nuestra formación: escuela primaria, secundaria hasta la universitaria que nos confiere titulaciones avaladas por el estado.

A mi entender la discusión original de este artículo no la debemos solo centrar en la falta de control, que de hecho importa y mucho; sino también en decidir ejercer nuestra responsabilidad social y sobre todo apartarse a una distancia prudente de quienes delinquen ya sean profesionales, vendedores, fabricantes y también de otros instaladores que motivados en una especie de "todo vale" se escudan en la falta de control para convertirse en mercenarios de la actividad.

El carácter y la ética no se pueden lograr solamente con un título, se hace día a día experimentando cambios, ideas, experiencias, se hace enfrentándose a la vida. En definitiva, el hombre hace al título y no al revés; son los valores los que jerarquizan y no las jerarquías las que valorizan

No miremos a los que delinquen como sujetos "con el jardín más verde que el nuestro" pues quizás a ese jardín un día llegue la citación para "comparecer en un juicio de responsabilidades emergentes".

Un consejo final para los instaladores: Aléjense rápidamente de esos profesionales que dirigen obras sin planos, sin matrícula ni registro habilitante; aléjense de los que deciden las instalaciones eléctricas <u>solo por el precio</u> pues el Código Civil los hace a Uds. también responsables solidarios de delitos penales y civiles. Además les aseguro que quien evade la ley y la ética seguramente nunca les pagará los trabajos.

3.13. La resolución 207 y la jeringa hervida.

Un poco de historia, si la asumimos, nos sirve para ser más democráticos!

Cuando en 1992 se privatizaron algunas ED de la Provincia de Buenos Aires se creó el Ente Nacional Regulador de la Electricidad (ENRE) que comenzó a exigir a las ED privatizadas la denominada calidad de Servicio que nunca se cumplió en forma concreta. Entiendo que como reacción a su compromiso de calidad de servicio las creadas Edenor, Edesur y Edelap (La Plata) gestionaron en aquellas épocas la Res. 207 que incorporaba la Reglamentación AEA de 1987 y comenzó la regulación de las instalaciones eléctricas posteriores al medidor de energía que entiendo se realizó en la idea de mejorar la seguridad eléctrica, entre otros temas.

Así las cosas el tiempo paso, pero por suerte no en vano, pues la AEA generó actualizaciones hasta la AEA 90364 del 2006. Pero los que crearon la Res 207 incorporaron la AEA del año 1987 y no se les ocurrió mencionar las correspondientes actualizaciones de la AEA en la Res.207.

Con la Res 207 se generó un sistema denominado Declaración de Conformidad de la Instalación (DCI) y calificaron por Niveles a profesionales, técnicos e idóneos (habilitados mediante cursos en el instituto IHA).Se generó un sistema de control por medio del IHA por un convenio ENRE-IHA donde se encontraron inicialmente violaciones del cumplimiento de la AEA; situación que fue mejorando por el mismo mecanismo control.

Las Reglamentaciones AEA están incorporadas a la Ley de Higiene y Seguridad 19587 que es nacional de hace más de 30 años.

Ante la ley nadie puede evadir la responsabilidad de cumplir con lo establecido por AEA así sea electricista, técnico o ingeniero; pues un abogado llevará al responsable sea o no proyectista o director técnico al daño emergente del Código Civil y el profesional o instalador queda involucrado.

La responsabilidad civil es el daño que hace por una acción que puede ser involuntaria, por impericia o desconocimiento, siendo su resarcimiento de reparación el pago de dicho daño. A su vez puede ser penal por producto que esa acción produjera un daño. El desconocimiento de las normas, no presume inocencia. Como también le cabe a los profesionales con la aplicación de la técnica

Lo que sucedió últimamente es que Edenor, Edesur y Edelap se dieron cuenta (creo) que el sistema obstaculizaba su venta de energía por el trámite de Declaraciones de Conformidad de la Res 207; pero no pensaron que fue un avance importante en la seguridad eléctrica pues se redujo la estadística de muertos e incendios en la zona de esas Empresas.

Ahora esas Empresas no quieren seguir haciéndose cargo del tema interno de las instalaciones (con cierta lógica) y derogan la Res 207, pero no ellos, sino el ENRE que es quien la emitió. Pero como se dieron cuenta que era un paso atrás en el asunto, establecieron exigencias para los tableros posteriores al medidor con interruptores automáticos, diferencial etc. dando el equivocado mensaje ¡que si ese tablero es seguro que de lo interno se ocupe la Municipalidad correspondiente!.

Las ED involucradas se liberaron de la DCI y de la calidad de servicio e inversiones, yo creo, no se habló más.

Claro que en el medio quedaron miles de idóneos que realizaron cursos en el IHA (obligatorios para los idóneos para tener el derecho de los 10 kW de Declaración) que están enojadísimos con este asunto.

Visto el tema desde la óptica profesional como ingenieros especialistas creo que no se debió otorgar un derecho técnico de firma a un idóneo por más curso que haga, pues las incumbencias las otorga el Ministerio de Educación de la Nación por medio de una educación formal y un título formal.

En definitiva al menos en Córdoba nuestra ley de ejercicio profesional Ley 1332 menciona que a partir de 10 kW la tarea es de ingeniería especializada y como tal debe ser elaborada con un proyecto formal registrado en Colegio de Ingenieros Especialistas (CIEC), o de Técnicos o de Maestros Mayor de Obra según el tipo de Obra.

Por supuesto que surge el tema incumbencias pues los ingenieros civiles y arquitectos dicen que tienen esas incumbencias de las instalaciones que ellos denominan complementarias (zona gris de incumbencias). En mi opinión no hay que discutir incumbencias lo que si se debe exigir es un proyecto registrado con las condiciones que establece la AEA 90364 entre otras.

Así las cosas el tema entra en una zona interesante pues como los ingenieros civiles y arquitectos registran sus obras "por metro cuadrado" (en Córdoba es así) por más incumbencias que tengan no pueden registrar las instalaciones eléctricas en sus propios colegios ni en el de especialistas donde no pertenecen; así que tendrán que hacer lo que se hace en los países civilizados que es elaborar un proyecto multidisciplinario que pase por todos los colegios y que cada profesional se haga cargo de lo suyo y el comitente reciba un servicio legitimo en el marco de la ley.

En el año 2008 se creó la Comisión de Instalaciones Eléctricas en el CIEC y estamos gestionando que la Municipalidad de Córdoba y otras de la provincia de Córdoba, establezcan obligaciones de acuerdo a la AEA 90364 del 2006 o sus actualizaciones.

Tenemos una Ordenanza 11378 de la Municipalidad de Córdoba lo que nos obliga a ejecutar el proyecto eléctrico como lo indica la AEA 90364 como tarea profesional especializada; que entre otros objetivos, que para eso tenemos e invertimos plata de todos los argentinos en las 14 carreras de ingeniería especializada solo en la Universidad Nacional de Córdoba.

Yo creo en definitiva que la derogación desnudó un tema que, no podemos eludir, que es que las instalaciones eléctricas son tarea profesional (como en España, para dar un ejemplo, donde si no se tiene un título habilitarte es ilegal ejecutar una instalación eléctrica).

Espero haber aclarado algo el tema que debería ser motivo de un Congreso Nacional para que los argentinos discutamos en serio las cosas y no como ahora que cada uno cuida su quintita y la gente recibe instalaciones degradadas e inseguras solo por el hecho de que cada uno hace o vende lo que se le da la gana o le conviene más y los ciudadanos que nada saben de seguridad eléctrica sufren las consecuencias.

En definitiva seguir manteniendo la Res 207 es como exigir que se sigan hirviendo las jeringas y eso afortunadamente se acabó como se acabaron las anteriores versiones de las Reglamentaciones de la AEA, y no por capricho, sino por los pavorosos incendios y electrocuciones que impulsaron la actual Reglamentación AEA 90364 y las actualizaciones que se generen en el tiempo.

3.14. La única verdad es la realidad

"La única verdad es la realidad", frase de Aristóteles 300 años antes de Cristo o sea hace bastantes años.

En mi necesidad de agradecer a quienes me alientan por el último artículo publicado, quiero hacer algunas reflexiones para ver si podemos entre todos avanzar un poco más y tratar de interpretar estos asuntos de las instalaciones eléctricas en su legalidad y control.

En estos últimos 20 años me dedique a difundir la Reglamentación AEA con mis libros, artículos, gestiones, notas y demás esfuerzos no solo en Córdoba sino en cada lugar que fui aprovechando mis trabajos, así que del tema algo conozco.

Hace un par de días un amigo y colaborador de la AEA me preguntaba en una comunicación telefónica ¿que había que hacer para que el Estado, los profesionales, técnicos, instaladores y comerciantes aceptaran e hicieran cumplir las Reglamentaciones AEA en Argentina?.

Les aseguro que la pregunta "se me atraganto" y empecé a decirle tantas cosas que al último no estoy seguro de haber aportado algo al asunto.

Es que son tantos años y tantas idas y vueltas que se me vino todo encima. Pero algo sí entendí "que es un tema difícil" este de las Instalaciones eléctricas y mucho más si pretendemos convencer a los que tienen el "poder de policía" (Municipalidades) que cumplan su obligación de hacer cumplir las leyes vinculadas a las instalaciones eléctricas donde da lo mismo que ingrese una vivienda o un edificio "total se cobra un canon y adelante con el sello y el estampillado".

Desde la democracia quienes conducen los destinos de nuestra Patria parecen haberse empecinado en construir su realidad como más les conviene y, lo más grave de todo: pretenden que esa realidad sea la verdad.

¿Cómo se puede explicar esta realidad "del poder de policía" Municipal no ejercido?

Este tema del "poder de policía no ejercido" se los relato a mis alumnos de la siguiente manera:

Supongamos que en el barrio tenemos un policía que es el único autorizado para vigilar nuestra seguridad, pero este señor nunca está y si está hace cualquier cosa menos cuidarnos. Un grupo de vecinos lo increpamos sobre esta inactividad y le proponemos buscar otra manera de resolver nuestra seguridad y el enojado nos dice "el único autorizado soy yo" Finalmente nos dice el poder de policía es mío y de nadie más y si cumplo o no es mi problema, Uds. solo esperen algún un día me ocupare.

¿Entonces como ciudadanos que hacemos?

Algunos que somos profesionales y docentes entendemos que los títulos que el Estado nos concedió no son títulos de nobleza y debemos colaborar en mejorar nuestra sociedad y no como muchos profesionales que "se dan un baño de bronce" para ignorar la ética y entrar en el todo vale cuando se trata de instalaciones eléctricas. Como la Municipalidad o quien sea no controla, estos insignes profesionales nos dicen "son instalaciones complementarias que se resuelven con un croquis". Así construyen los edificios y después llaman "al electricista" para que coloque el tablero de medidores en el segundo subsuelo, la columna montante por un caño plástico en el hueco del ascensor y le proveen de la canalización en caño naranja; eso sí como aporte (barato) dejan el lugar en el tablero para que la víctima ubique el diferencial pues el problema no es de ellos.

¿Si estamos seguros que no se cumplen las Normas, que las instalaciones son inseguras, peligrosas e ineficientes; porque aceptamos la mentira de la falta de recursos para no impulsar un sistema nacional de regulación y control de las instalaciones eléctricas como existe, por ejemplo, en España hace 100 años?

Para poder cambiar la realidad es imprescindible aferrarse a la verdad; por eso Aristóteles insistía en que es necesaria la única y absoluta verdad, no las relativas "del típico burócrata que nos dice, deje la Nota y ya vamos a ver". Pasaron muchos siglos pero hay razones suficientes para pensar que hay supuestas verdades, procesadas y manoseadas con claras intenciones de forjar una realidad ficticia o contada a medias.

La realidad necesita de un urgente sinceramiento para convertirse en verdad; y las instalaciones eléctricas necesitan un sinceramiento para convertirse en seguras.

3.15. La capacitación y las conductas éticas

Sabemos que la capacitación nos permitirá crecer como país desarrollado pues ya hemos dejado de lado aquella funesta frase "es lo mismo vender aviones que caramelos" acuñada en las épocas donde el poder dominante nos fijaba la misión de país proveedor de mano de obra esclava y el resto del mundo nos daría sus espejos de colores.

Pero debemos cuidar que la capacitación no se convierta en un ámbito elitista de tecnicismos pues también sabemos los argentinos que "los maestros" hacen de los temas técnicos conceptuales "un misterio" y entonces se proyectan como gurúes de la capacitación, donde, si no hay dinero no hay capacitación.

En las instalaciones eléctricas los denominados "electricistas" han sido siempre la variable de ajuste de algunos profesionales que buscaban "la boca más barata" y con ese concepto mercantilista resultaban instalaciones peligrosas, no funcionales e ineficientes energéticamente, es decir "si la calidad de una instalación eléctrica es la decisión de un contador, nunca serán seguras"

Ya sabemos que no solo se trata de emitir y establecer las Normas sino de hacer de ellas y entre todos un "proceso de cambio de conducta" pues la seguridad solo se logra "entre todos y por medio de conductas éticas".

El método que entiendo se debe proponer es un sistema de difusión, aprendizaje, evaluación y control, pues es importante poner a prueba lo que se exige controlando el proceso, la capacidad de adaptación y autocrítica que serán tan necesarias en las personas destinatarias de la capacitación.

En estas nuevas relaciones intentamos una formación con mayor capacidad de juzgar críticamente, adaptarse a situaciones cambiantes, y educarse constantemente en lo técnico, en lo ético y en lo organizacional haciendo de la ética una costumbre.

De hecho que será necesario preparar cuidadosamente los encuentros y desarrollar las actividades de instrucción, consulta, y evaluación de los distintos temas de la materia, dejando de lado "un disertante de podio" y un auditorio sometido donde el resultado es el que logra económicamente el disertante, siendo también una conducta antisocial que los participantes reciban, por ejemplo, un Power Point, cerrado y sin posibilidades de ser utilizado para la necesaria trasmisión de conocimientos desde los profesores hacia otros alumnos.

Aspiramos que con las autoridades y sus mecanismos de control, con los profesionales de todas las ramas y su responsabilidad documental de proyecto con sus trabajos registrados, controlados y archivados, con los comerciantes que erradiquen los "materiales envenenados" y con nosotros mismos, los docentes, entregando nuestros conocimientos con generosidad y sin retaceos; es posible que se pueda cambiar esta realidad pavorosa donde las personas sufren las consecuencias de un sistema impresentable.

También sabemos que mucho del fracaso de las iniciativas de regulación de las instalaciones eléctricas provienen de instalaciones que siguen siendo lo que son es decir peligrosas e irracionales, y no solo por los electricistas. Este es un país donde siempre existe una excusa para acomodar las cosas a los intereses y a veces con "Cursos que son solo pantallas para enriquecer el ego de algunos" porque en el fondo no se busca que el sistema cambie.

La realidad es la muestra resultante de acciones donde el cambio no era lo que interesaba.

Si se hacen los cambios los resultados los veremos cada día en las actitudes de los instaladores y ello nos alentará a seguir profundizando los cambios: No queremos fracasos en las instalaciones eléctricas, solo merecemos los fracasos si no podemos ni queremos establecer reglas éticas de capacitación para conducir la fuerza ética de los instaladores.

Si esto se concreta no querremos volver al pasado de ignorancia y complicidad donde se propusieron cambios para que nada cambie.

Como me formé en la Universidad Pública todo lo he recibido del Estado; por ello elevo estas reflexiones con el entusiasmo y buena fe con la que siempre he procedido en estos asuntos.

Quedo comprometido a elevar todos mis trabajos, conferencias y disertaciones sin ningún condicionamiento económico a quien los solicite en el formato original de Power Point, para que sean utilizados para multiplicar el conocimiento en todos los ámbitos donde sean necesarios.

3.16. La Res. 336 viola el derecho de propiedad

Desde la época de Jorge Newbery la Asociación Electrotécnica Argentina (AEA) generó documentos y actualizaciones para la seguridad y funcionalidad de las instalaciones eléctricas en inmuebles y desde el 2006 tenemos todos los argentinos, repito todos los argentinos, el documento AEA 90364.

Pero algunos argentinos con poder político no se fijan en detalles a la hora de legislar sobre los bienes que no le pertenecen, así que paso a explicar el asunto que a mi entender es violatorio del derecho de propiedad, y además alienta la falta de funcionalidad en las instalaciones eléctricas:

Los límites de propiedad de un inmueble es su línea municipal y todo lo que hay dentro de esa línea le pertenece al propietario de una vivienda, de un local o un edificio de múltiples viviendas y propietarios.

Siempre las ED han instalado su acometida dentro de la línea municipal y el Tablero Principal (TP) posterior al medidor ha estado y seguirá estando en la propiedad del cliente.

Entonces como es posible que el ENRE emita la Res 336 que establece condiciones técnicas en la propiedad del cliente siendo que la propiedad es ámbito de incumbencia de la Municipalidad correspondiente a no ser que exista una delegación de incumbencia que desconozco. Conozco que existen acuerdos para las instalaciones en las veredas y en la vía pública, pero el TP no está en la vía pública.

De hecho que estoy y estaré de acuerdo con los motivos de seguridad eléctrica que se expresan en la Res 336 pero hay varias cosas que no cierran en este asunto:

Todos sabemos que el TP contiene las protecciones posteriores al medidor de energía. Ese TP en numerosas instalaciones, por ejemplo en un edificio de múltiples viviendas y locales de todo tipo en general debe ser apto para personas BA4 - BA5 y debe estar ubicado en un local específico "no apto para personas no autorizadas"

Aguas abajo del TP, salvo casos muy puntuales, la instalación contará con los Tableros Seccionales (TS) destinados a circuitos terminales. Si los operadores son personas BA1 es exigible, entre otras condiciones, la seguridad de su operación establecida en la AEA 90364.

En definitiva la seguridad eléctrica se funda en diseñar el TP, entre otras condiciones de seguridad, con las protecciones 2 P o 4 P aptas para las sobrecargas y cortocircuitos y si la instalación posterior no es de Clase II los correspondientes interruptores diferenciales aptos para el contacto indirecto y selectivo con los interruptores diferenciales instalados en el TS. De esa manera además de seguridad se logra la funcionalidad de modo que las fallas en los circuitos del TS no accionen las protecciones del TP con un concepto que está incorporado en la AEA 90364. Estas relaciones técnicas entre el TP y los TS son, entre otras condiciones, lo que establece la AEA 90364 para la seguridad y funcionalidad; temas que son ignorados por la Res 336 que no considera que:

La AEA 90364 indica claramente los conceptos de seguridad eléctrica y funcionalidad estableciendo en inmuebles los grados de seguridad para personas BA1 en el TS y los grados de seguridad y funcionalidad que correspondan en la vinculación entre el TP y el TS.

En algunos casos el TP tendrá un interruptor diferencial selectivo de corriente diferencial de 300 mA (o un interruptor diferencial de corriente diferencial de 30 mA si no existiera un TS), y en otros casos el TP no tendrá interruptor diferencial decisión que no le corresponde a la ED establecer pues como ya se mencionó el TP está en la propiedad del cliente y debe responder a al criterio que establece la AEA relación al TS.

¿Pero a quien le corresponde establecer los criterios de seguridad y funcionalidad en estos Tableros?

De hecho que la AEA 90364 indica que el TP es parte de su Reglamentación y con más razón los TS ubicados "aguas abajo" en la instalación eléctrica.

Si se analiza la Res 336 y los varios documentos Anexos se nota un interés por parte del ENRE en respetar la seguridad eléctrica pero lo extraño es que no menciona la AEA 90364 que es quien establece las condiciones técnicas del TP; y además saca de la AEA 90364 algunos criterios como si los criterios pudieran reemplazar un documento normativo que llevo años en elaborar y que es un ejemplo a seguir y no un ejemplo a ignorar. Sería conveniente decirle a los técnicos del ENRE que los documentos no se simplifican son integrales y se deben respetar en su integralidad. Es como pretender que un procedimiento médico se simplifique...

En definitiva y como todo nace de violar el derecho de incumbencia de la instalación eléctrica; la Res 336 "se para" en el TP y pretende legislar las seguridad eléctrica desde ese lugar ignorando que la instalación eléctrica de un inmueble es el producto de un proyecto técnico que para eso tenemos en argentina los profesionales y técnicos preparados para asumir esa responsabilidad y las Municipalidades para controlar lo que corresponda en su ámbito de incumbencia.

En el año 2008 se creó la Comisión de Instalaciones Eléctricas en el Colegio de Ingenieros Especialistas de la Provincia de Córdoba y estamos gestionando que la Municipalidad de Córdoba y otras de la provincia de Córdoba, establezcan obligaciones de acuerdo a la AEA 90364 del 2006 o sus actualizaciones.

Espero haber aclarado algo el tema que debería ser motivo de un Congreso Nacional para que los argentinos discutamos en serio las cosas y no como ahora que cada uno cuida su quintita y la gente recibe instalaciones complicadas funcionalmente. Me imagino a Doña Rosa bajar del piso 10 al TP para reponer el diferencial en un tablero TP apto para BA4; pero en una de esas con un cursito a Doña Rosa la convertimos en BA4.

En definitiva la Res 336 al simplificar la seguridad eléctrica a colocar algunos dispositivos ignora la tecnología expresada en la AEA 90364; solo porque los funcionarios del ENRE no se animan en sentarse a acordar con las Municipalidades un sistema que les sirva a todos los argentinos.

3.17. El croquis eléctrico

Hace unos días mi amigo Gabriel me comentaba una inquietante realidad: A mi sobrino que estudia en la Facultad de Arquitectura el profesor le dijo que las instalaciones eléctricas **son un croquis más** de las tareas de diseño que deberán desarrollar como futuros arquitectos.

Se define como diseño a la tarea que se encarga a un profesional para resolver con "precisiones técnicas" cada uno de los elementos intervinientes. Es responsabilidad de las autoridades educativas poner a las instalaciones eléctricas **al mismo nivel de diseño con las distintas partes o especificidades** y eso no funcionará si se las considera un croquis y no una parte del diseño final.

Revisemos algunas definiciones de la **Ley 1332** Provincial que regula el Ejercicio Profesional de la Arquitectura y la Ingeniería en la Provincia de Córdoba.

> Se entiende por Croquis preliminares a los esquemas o cualquier otro elemento gráfico que el profesional confecciona **como preliminar interpretación del programa convenido** por el comitente.
>
> Se entiende por Anteproyecto el conjunto de plantas, cortes y elevaciones estudiados conforme a las **disposiciones vigentes establecidos por las autoridades encargadas de su aprobación.**
>
> Se entiende por Proyecto el conjunto de elementos gráficos y escritos que definen **con precisión el carácter y finalidad de la obra y permiten ejecutarla bajo la dirección de un profesional.**

Revisemos desde otro punto de vista lo que significa un croquis:

> **Es un dibujo** que sintetiza **rápidamente** una idea. Para los arquitectos, el croquis tiene el propósito de registrar una realidad y a la vez, proponer sobre ella; es por eso que el cro-

quis aparece durante las etapas de una obra, desde la **selección de sus condicionantes,** hasta las primeras concepciones del proyecto, la revisión **de alternativas** y su **concepción constructiva...**

Si analizamos estas frases con los conceptos de seguridad eléctrica y técnica observamos que:

Es un croquis o dibujo rápido la instalación eléctrica?

De hecho que no lo es; y aparte de ser un delito pensar que lo sea, las consecuencias de esa concepción son la fatal estadística de muertes e incendios por mala praxis eléctrica resultante de los croquis que dan por ciertos en algunas facultades de arquitectura.

Es la instalación eléctrica un juego de alternativas?

De hecho que no lo es; pues los profesionales responsables basamos nuestros proyectos en la referencia técnica de la AEA 90364 asociada a la ley 19587; que establecen las responsabilidades y en particular la AEA 90364 que indica el camino técnico que debe cumplir el profesional interviniente.

Pensar en que se pueden **establecer alternativas en las instalaciones eléctricas** me hace acordar a un proyecto que observe hace un tiempo donde el seudo profesional diseño el tablero seccional solo con el espacio previsto **"para el interruptor diferencial".** Si esas son las alternativas habría que demandar a la facultad correspondiente por formar con los dineros públicos a seudo profesionales que con sus títulos y derechos fomentan la inseguridad eléctrica.

Existen condicionantes en la instalación eléctrica?

Con los datos de proyecto de la carga y demanda se define la selección de conductores aptos para las personas destinatarias, se diseñan los tableros y se seleccionan los dispositivos según lo establecido por AEA 90364.

El establecer el pensamiento irracional del **croquis eléctrico** es ignorar la actividad profesional dedicada desde hace casi 100 años de la AEA, así que habría que informarle a los decanos de esas facultades que los ciudadanos que mantenemos las universidades no estamos dispuestos a tolerar una formación que fomente el delito.

Cuales debería ser la concepción constructiva de una instalación eléctrica?

La que garantice a los destinatarios que el estado desde la educación profesional hasta la actividad de regulación constructiva no fomente por su inacción el "libre albedrío eléctrico". Establecer como verdades a los croquis eléctricos fomenta derechos por medio de incumbencias dudosas y la alta tasa de siniestros de quienes resultan las **victimas de esa actitudes**.

En conclusión si las autoridades universitarias permiten que profesor les trasmita a sus alumnos que la instalación eléctrica es un croquis, aparte de ser un acto técnico irracional, dilapida los dineros públicos en la formación de profesionales y fomenta la inseguridad eléctrica que todos conocemos.

Bibliografía

Legislación, Normativa, Bibliografía.

Reglamentación para la Ejecución de Instalaciones Eléctricas de Inmuebles AEA 90364, Parte 7 y Sección 771 Edición 2006.

Resoluciones del ENRE.

Normas Nacionales IRAM, e Internacionales IEC.

Resolución 92/98 de la ex Secretaria de Industria, Comercio y Minería relacionada al proceso y aplicación de un sistema de Certificación obligatorio de productos para asegurar que cumplan con los requisitos esenciales de seguridad eléctrica.

Reglamentación de Instalaciones eléctricas.

Los volúmenes completos de esta Reglamentación se pueden adquirir en la *Asociación Electrotécnica Argentina*, Posadas 1.659, Ciudad de Buenos Aires. TE: 011-4804-3454.

E-mail gerencia@aea.org.ar.

Contacto con el autor para intercambio de opiniones.

Ing. Rubén Roberto LEVY

Email: buscapolocordoba@yahoo.com.ar

Email: buscapolocordoba@gmail.com

La presente edición de
Pericias en Instalaciones Eléctricas
se terminó de imprimir en
Jorge Sarmiento Editor
en el mes marzo de MMXIX.

Impreso en Córdoba, Argentina

www.ingramcontent.com/pod-product-compliance
Lightning Source LLC
Chambersburg PA
CBHW070922220526
45467CB00004B/1501